JN273126

宮崎県の地質
フィールドガイド

宮崎地質研究会　編

コロナ社

ま え が き

　宮崎県は古生代から現在までの多様な地層や火山が広がっています。

　過去に出版された『宮崎県地学のガイド』(コロナ社，1979年)では，ある地点の露頭の説明が地表の一点の形で説明されているため，同一の地質と見なされる露頭が別の地点での露頭として結び付けられておらず，地質分布の連続性がわかりにくくなっているものがありました。さらに，記述されている露頭がすでに失われたり，覆い隠されたり，そこまでの道路がなくなっているものもあります。

　今回の『宮崎県の地質　フィールドガイド』は，地質についての情報を求めるすべての方に，宮崎県の大地をご紹介することを目的としています。

　I章では，日本列島全体の基本的な地質構造から宮崎県の大地の成り立ちの概略を時間軸に沿って解説しています。

　II章では，宮崎県を大きく七つのエリアに分け，生活エリアや学校に近い露頭を中心に露頭の地図とそこへの到達ルート，および露頭写真を掲載し，露頭で観察できる地質・地形・岩石に関する簡略な説明を与えています。

　III章，IV章ではII章の解説で使用している宮崎県に関連する地層群，地層名，火山・テフラについてその分布，岩相，年代，産出化石など露頭観察や地質図を見るときに必要な情報をまとめました。

　V章では，地元の地質を理解しやすくするために，中学校の校区ごとに観察できる代表的な露頭と，そこでの主たる構成地質や地形の名称を一覧にした表を記述しています。

　小学校や中学校の理科の第二分野の教科書には，地形・地質に関して，全国での代表的な露頭や地形・岩石などの写真をつけて，美しく簡潔に記述されています。しかし，その内容を教え・学ぶ際に，宮崎県，特にそれぞれの学校区には教科書の例に対応するものがありません。一方で，学校区やその近辺にはすばらしい教材としての露頭・地形・岩石などがあるのに，教科書に記載されているどれに対応しているのかよくわかりません。また，教科書の範囲では記述されていなくても，わかりやすく説明さえすれば，地域の地質学的な環境とその成立過程が児童・生徒に十分理解されるだろうと考えておられる先生方も

多いのではないかと推測しています。

教師が赴任校での学校区や隣接地域にある露頭・地形・岩石などを教材化し，また，野外指導をしようとする場合，それらの露頭に関して

① 露頭の場所
② 地層の重なりの順序や地層同士の関係
③ 個々の地層の特徴やその構成物の見方
④ 地層が堆積した当時の環境や堆積後に受けた力や作用の度合い
⑤ 距離的に離れてはいるが，特徴と構成物とから，類似した複数の露頭を連続した地層の分布としてとらえる考え方

などの知識が，児童・生徒・教師の間で共有できれば，その理解を深めることができるのではないかと考えています。

近年，宮崎の地質について記述した書籍は数種出版されました。これらの本とともに本書も活用していただけると幸いです。

2013年6月

宮崎地質研究会

流田　勝夫

「宮崎県の地質 フィールドガイド」関係者一覧

編 者 宮崎地質研究会

執筆者 流田（ながれだ） 勝夫（かつお）
白池（しらいけ） 図（はかる）
宍戸（ししど） 章（あきら）
市原（いちはら） 靖（やすし）
赤崎（あかざき） 広志（ひろし）
松田（まつだ） 清孝（きよたか）
濱田（はまだ） 真理（まり）

も く じ

Ⅰ．宮崎県の大地の成り立ち

1. 地質構造区分 …………………… 1
2. 秩 父 帯 …………………………… 2
   2.1 黒瀬川帯 ……………………… 2
   2.2 三宝山帯 ……………………… 5
3. 四万十帯 …………………………… 6
   3.1 四万十累層群 ………………… 6
   3.2 宮崎層群 ……………………… 6
4. 新第三紀中新世の火成活動 …… 7
5. 新第三紀鮮新世の火成活動 …… 8
6. 第 四 紀 …………………………… 9

Ⅱ．地区別フィールドガイド

フィールドに出かける前に …… 11

エリア1

五ヶ瀬町
- 1-1 津 花 峠 …………… 14
- 1-2 祇 園 山 …………… 14

高千穂町
- 1-3 高 千 穂 峡 ………… 15
- 1-4 尾橋渓谷 …………… 18
- 1-5 塩井の宇層 ………… 19
- 1-6 柘の滝鍾乳洞 ……… 20

日之影町
- 1-7 日之影町役場 ……… 21
- 1-8 槙 峰 …………… 22

延岡市
- 1-9 行 縢 山 …………… 23
- 1-10 愛 宕 山 …………… 24
- 1-11 白 浜 …………… 25
- 1-12 浦 城 港 …………… 26
- 1-13 東 海 海 岸 ………… 27
- 1-14 大 間 海 岸 ………… 28
- 1-15 下阿蘇海水浴場 …… 29
- 1-16 森 谷 谷 …………… 29
- 1-17 方 財 島 …………… 31

エリア2

椎葉村
- 2-1 水 無 …………… 34
- 2-2 椎葉採石場 ………… 35
- 2-3 落水谷の滝 ………… 35

諸塚村
- 2-4 塚原発電所 ………… 36

美郷町
- 2-5 阿 切 …………… 37
- 2-6 大斗の滝 …………… 38
- 2-7 舟 方 轟 …………… 39

門川町
- 2-8 西 門 川 …………… 40
- 2-9 庵川漁港 …………… 40
- 2-10 庵 川 東 …………… 42

日向市
- 2-11 冠 岳 …………… 43
- 2-12 日 向 岬 …………… 44
- 2-13 秋 留 …………… 47

エリア3

都農町

もくじ v

- 3-1 都農牧神社 …………… 49
- 3-2 名貫川河口 …………… 49

川南町
- 3-3 通　浜 …………… 50

木城町
- 3-4 石河内 …………… 51
- 3-5 白木八重 …………… 52
- 3-6 長　草 …………… 53

高鍋町
- 3-7 南九大旧高鍋キャンパス …………… 54

新富町
- 3-8 岩　脇 …………… 55
- 3-9 溜　水 …………… 56
- 3-10 新　田 …………… 57
- 3-11 一丁田 …………… 58

西都市
- 3-12 都於郡城跡 …………… 59
- 3-13 長谷観音 …………… 60
- 3-14 童子丸 …………… 61
- 3-15 竹　尾 …………… 62
- 3-16 十六番 …………… 63

西米良村
- 3-17 西米良中学校前 …………… 64

エリア4

宮崎市
- 4-1 仲間原 …………… 66
- 4-2 西野久尾 …………… 67
- 4-3 久峰公園 …………… 68
- 4-4 萩の台公園 …………… 69
- 4-5 大淀川学習館 …………… 70
- 4-6 宮崎商業高校 …………… 71
- 4-7 生目中学校 …………… 71
- 4-8 生目の杜遊古館 …………… 72
- 4-9 青　島 …………… 73
- 4-10 双石山 …………… 76
- 4-11 清武総合運動公園 …………… 77
- 4-12 元　野 …………… 78
- 4-13 久木野 …………… 79
- 4-14 瓜田ダム …………… 80
- 4-15 赤　谷 …………… 82

国富町
- 4-16 森永化石群 …………… 83

綾町
- 4-17 二反野原 …………… 84
- 4-18 小田爪 …………… 85
- 4-19 川中キャンプ場 …………… 86

エリア5

小林市
- 5-1 秋社川 …………… 88
- 5-2 石瀬戸バス停 …………… 89
- 5-3 新屋敷 …………… 89
- 5-4 三之宮峡 …………… 91
- 5-5 ままこ滝 …………… 92
- 5-6 奈佐木と永迫 …………… 93

高原町
- 5-7 梅ヶ久保 …………… 94
- 5-8 御　池 …………… 95

えびの市
- 5-9 えびの高原 …………… 98
- 5-10 池牟礼 …………… 99
- 5-11 文化センター東 …………… 100
- 5-12 田　代 …………… 101
- 5-13 久保原 …………… 102

エリア6
都城市
- 6-1 観音瀬 …… 104
- 6-2 旧四家中学校東 …… 105
- 6-3 迫間営農研修館 …… 106
- 6-4 横市 …… 107
- 6-5 関之尾 …… 108
- 6-6 金御岳 …… 109
- 6-7 古城橋 …… 110

三股町
- 6-8 長田峡 …… 111

エリア7
日南市
- 7-1 猪八重渓谷 …… 113
- 7-2 蜂の巣キャンプ場 …… 115
- 7-3 鵜戸神宮 …… 116
- 7-4 猪崎鼻 …… 117
- 7-5 小布瀬の滝 …… 118
- 7-6 大島 …… 119
- 7-7 祇園崎 …… 121

串間市
- 7-8 舳海岸 …… 124
- 7-9 黒井海岸 …… 126
- 7-10 都井岬毛久保 …… 127
- 7-11 赤池渓谷 …… 128

III. 地層ガイド
1. 秩父帯 …… 129
   1.1 黒瀬川帯 …… 129
   1.2 三宝山帯 …… 131
2. 四万十帯 …… 132
   2.1 北帯の四万十累層群 …… 133
   2.2 南帯の四万十累層群 …… 134
3. 宮崎層群 …… 137
4. 諸県層群 …… 139
5. 段丘 …… 140
6. 加久藤層群 …… 142
7. 沖積層 …… 145

IV. 火山ガイド
1. 県内のおもな火山 …… 148
   1.1 祖母山・傾山・大崩山 …… 149
   1.2 尾鈴山 …… 151
   1.3 市房山・天包山 …… 152
   1.4 霧島火山群 …… 153
2. 火砕流堆積物と火山灰層 …… 158
   2.1 小林火砕流堆積物 …… 158
   2.2 加久藤火砕流堆積物 …… 159
   2.3 阿蘇火砕流堆積物 …… 159
   2.4 姶良岩戸 …… 161
   2.5 霧島イワオコシ・霧島アワオコシ …… 161
   2.6 入戸火砕流堆積物・姶良Tnテフラ …… 162
   2.7 鬼界アカホヤ火山灰 …… 163
   2.8 霧島御池 …… 164
3. 宮崎県で見られるその他のテフラ …… 165

V. 中学校別露頭リスト
中学校校区別一覧表 …… 167

参考文献 …… 176
あとがき …… 180

Ⅰ. 宮崎県の大地の成り立ち

　現在の宮崎県は九州の南東に位置し，豊かな森と水，太陽に恵まれた自然豊かな地域です。では，このような宮崎県の大地はどのようにしてできてきたのでしょうか。それを考えるために，「いつごろの」，「どんな岩石や地層が」，「どこにあるのか」，また「どのようにしてできたと考えられているか」について簡単に紹介しておきましょう。

1. 地質構造区分

　日本列島全体は，地質構造の特徴から，新潟県と静岡県を結ぶ大断層(糸魚川-静岡構造線)を境に，東北日本と西南日本に区分されます(**図 I-1**)。西南日本は四国吉野川付近を通る大断層(中央構造線)を境に，瀬戸内～日本海側の内帯と太平洋側の外帯に区分されます(**図 I-2**)。宮崎県は西南日本外帯に属します。西南日本外帯は北から順に三波川帯，秩父帯，四万十帯といった帯状の地域に細分されます。

図 I-1　日本列島の地質構造区分

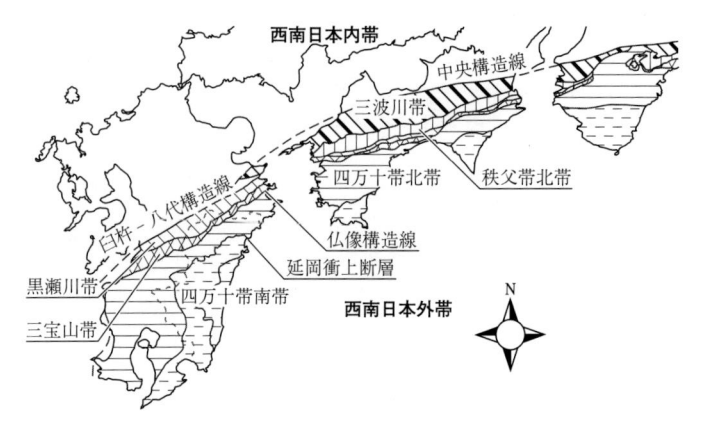

図 I-2 西南日本外帯の地質構造区分

　宮崎県では椎葉村の銚子笠(標高1 489 m)と，日之影町の夏木山(標高1 386 m)を通る断層(仏像構造線)より北西側の五ヶ瀬町や高千穂町などの地域が秩父帯で，中・古生代の地層が基盤となっています。秩父帯はさらに北側の黒瀬川帯と南側の三宝山帯に区分されます。秩父帯の南東側を占める大半の地域が四万十帯で，中生代・新生代の地層で構成されています。

　これら，宮崎県内の地層や岩石の形成年代は地質総括表(**表 I-1**)に，地層の分布概要は地質図(**図 I-3**)に示しています。

2. 秩　父　帯

2.1 黒瀬川帯 —最古の地層—

　五ヶ瀬町鞍岡の祇園山とその周辺の山々には，宮崎県で最も古い地層が分布しています。これらは約4.5億年前の圧砕された花こう岩類(鞍岡火成岩類)や，4.3〜3.6億年前(シルル紀〜デボン紀)の浅い海の堆積物(祇園山層)などです。鞍岡火成岩類はおそらく古い時代の大陸を構成していた岩石で，九州の骨格をなすと考えられています。

　祇園山層はサンゴや三葉虫などの化石を産出します。そのため，当時は熱帯のサンゴ礁のようなところであったと考えられます。同じ時代の地層は，東北

表 I-1 宮崎県の地質総括表

絶対年代	地質時代		秩父帯 県北	四万十帯	
				県央	県西・県南
1万	第四紀	新生代		沖積層	
				低位段丘堆積物	霧島火山新期溶岩
3万				入戸火砕流堆積物(シラス)	
				中位段丘堆積物 新田原・西都原など	加久藤層群
9万			阿蘇4火砕流堆積物 阿蘇3火砕流堆積物		霧島火山 旧期溶岩
30万				高位段丘 堆積物	加久藤火砕流堆積物
50万				諸県層群	小林火砕流 堆積物	小林流紋岩
150万 250万				宮崎層群 鬼の洗濯岩など海に堆積した砂岩と泥岩が繰り返す宮崎平野と日南海岸の基盤を作る地層	旧期(肥薩) 安山岩類
1200万	新第三紀				
1500万			大崩山・市房山の花こう岩・花こう斑岩 祖母山火山岩類	尾鈴山酸性岩類	
			見立層	庵川層	
2400万	古第三紀			四万十累層群上部(新しい時代)を構成する地層群 北川層群・日向層群・日南層群などの大陸からの泥や砂に海洋プレート上の海底火山や深海底の堆積物が押しつけられて入り混じった砂岩・頁岩・緑色岩・チャートなどを含む地層	
6550万	白亜紀	中生代		四万十累層群下部(古い時代)を構成する地層群 諸塚層群などの大陸からの泥や砂に海洋プレート上の海底火山や深海底の堆積物が押しつけられて入り混じった砂岩・頁岩・緑色岩・チャートなどを含む地層	
1億5千万	ジュラ紀		付加体 大陸からの泥や砂と海洋プレート上の海底火山やサンゴ礁が大陸に押しつけられ入り混じった砂岩・頁岩・緑色岩・石灰岩を含む地層	浅海性 堆積物 浅い海に堆積した泥や砂と生物の化石を含む地層	
2億	三畳紀				
2億5千万	ペルム紀	古生代			
2億9千万	石炭紀			秩父帯 を構成する地層群	
3億6千万	デボン紀		祇園山層 サンゴ石灰岩を含む 鞍岡火成岩類		
4億2千万	シルル紀				
4億5千万	もっと古い 地質年代				
約46億					

4　Ⅰ．宮崎県の大地の成り立ち

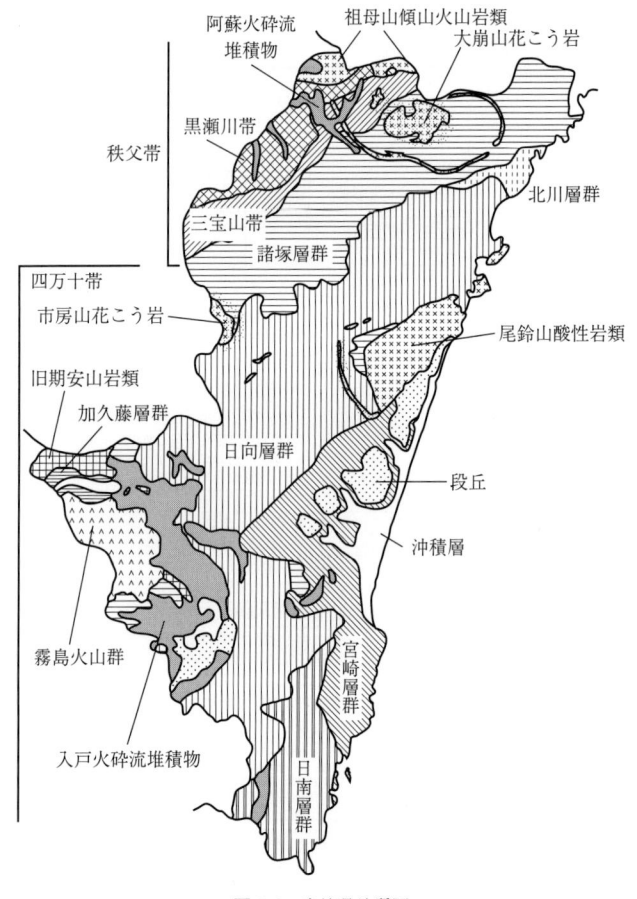

図 I-3 宮崎県地質図

地方の北上山地や阿武隈山地をはじめ，飛騨地域，紀伊半島，四国などの各地に点在し，日本列島の骨格をなしています。

　鞍岡火成岩類や祇園山層は，蛇紋岩を伴い断層で囲まれたレンズ状をなして，九州から四国，紀伊半島などにかけて断続的に分布し，狭義では黒瀬川構造帯と呼ばれていました。最近では，さらにこれらを取り巻く古生代ペルム紀

(2.9～2.5億年前)の化石を含む石灰岩，ペルム紀～三畳紀(2.5～2.0億年前)のチャートや玄武岩質の火山岩類，ペルム紀～ジュラ紀(2.0～1.5億年前)の砂岩や泥岩などの地層(一括して先ジュラ系という)が分布する細長い帯状の部分をまとめて黒瀬川帯と呼んでいます。

宮崎県内の黒瀬川帯は，五ヶ瀬町の白岩山(標高1645m)付近を通過し，秩父帯を二分する大規模な断層(白岩山衝上断層)の北側に位置します。また，黒瀬川帯の中には，別な断層ではさまれてジュラ紀～白亜紀の浅い海の堆積物が点在しています。

黒瀬川帯の起源については，つぎのないくつかの考え方があります。

① 鞍岡火成岩類や祇園山層は，南方にあった「ゴンドワナ大陸」の大陸片で，これが古太平洋を移動して，ジュラ紀末から白亜紀初めにかけてアジア大陸の東縁に衝突し，くっつけられた(付加という)。

② アジア大陸の南の部分が，白亜紀に大陸の縁にそってできた大規模な左横ずれ断層により，水平方向に何百km も北上してきた。

③ 内帯側の古い地層群が，大規模な衝上断層によって外帯側のより新しい地層群の上に乗り上げ，根無し岩体となっている。

これらの説にはまだ疑問点なども残っており，研究者の間でも意見は一致していません。

2.2 三宝山帯

秩父帯のうち白岩山衝上断層の南東側は，三宝山帯と呼ばれています。ここには黒瀬川帯についで古い地層が分布します。三宝山帯には三畳紀～ジュラ紀の石灰岩・チャート・玄武岩質火山岩類と，ジュラ紀～前期白亜紀(1.5～1.0億年前)の砂岩・泥岩などが混在しています。石灰岩・チャート・玄武岩質火山岩類の起源は，それぞれ玄武岩でできた海山，それを取り巻くサンゴ礁，あるいは深海底の軟泥などの堆積物と考えられます。これらが，海洋プレートにのせられてベルトコンベアのように海溝に向かって移動してくるとともに，陸側から大陸棚の斜面へと吐き出された砂や泥と海溝付近で入り混じり，渾然一体となってアジア大陸東縁部に付加されたものと考えられています。この付加の時期はジュラ紀～前期白亜紀であったと考えられています。

6　I．宮崎県の大地の成り立ち

3．四万十帯

3.1　四万十累層群

　秩父帯の南東側は，仏像構造線を境に四万十帯と呼ばれる地域です。四万十帯の基盤を構成している地層群は四万十累層群と呼ばれ，九州山地から日南・串間にいたる宮崎県内の広い範囲に分布します。四万十累層群は白亜紀の地層を主体に構成される地層群(北帯)と，古第三紀の地層で構成される地層群(南帯)とに区分されます。これらは礫岩・砂岩・泥岩などのほか，玄武岩質火山岩類やチャートを含み，しばしば乱雑な様相を見せることから，大きな力を受けて変形・変動したことがわかります。

　北帯および南帯は，断層ではさまれたいくつかの帯状の部分(地層群)にさらに細かく区分されます。一般に地層は上位ほど新しい地層になります。四万十累層群でもそれぞれの帯状の部分(地層群)の中では，通常どおり上位にあたる北側が新しい地層ですが，断層ではさまれた帯状部ごとに比べると，逆に北側の帯状部ほど古い時代を示します。このことから，これらの地層は帯状部ごとに下から順に押し込まれるようにして付加したものではないかと考えられています。

　四万十累層群のでき方については，秩父帯のところで述べたことと同様に，海洋プレートによって運ばれてきた海山や深海底の地層が，海溝部で陸側からの砂や泥と入り混じって，大陸プレートの端に押し付けられてできたものと考えられています。北帯は白亜紀に，南帯は第三紀に付加したもので，このような地層は付加体と呼ばれています。

3.2　宮崎層群

　約1000万年前の中期中新世になると，四万十累層群の諸層が削剥された後，海となったところに地層が堆積しました。宮崎市を中心とする宮崎平野一帯に分布するこれらの地層は，宮崎層群(中期中新世～後期鮮新世(一部更新世)(1000万年～150万年前))と呼ばれています。

　宮崎層群を堆積した当時の海域は，南は日南・串間地域から北は都農付近にいたる地域に広がっていました。これらの地域では，基盤の四万十累層群や尾鈴山酸性岩類を覆って，礫岩(基底礫岩)・砂岩が分布しています。この宮崎層

群の基底部は，全体がほぼ同じ時代に堆積したわけではなく，そこに含まれる有孔虫などの微化石の研究などから，日南方面の基底部が最も時代が古く，北部の基底部ほど堆積した時代が新しいことがわかってきました。

また，上部の岩相は青島付近までの強く固結した規則的な互層（青島相），宮崎付近のやや厚い砂岩や泥岩の繰り返し（宮崎相），西都市以北の固結の弱い泥岩主体の地層（妻相）に分けられます。このような岩層の違いは，堆積した場所の環境（深さや海流の強さなど）や堆積した時代の違いを反映しています。これらのことから，宮崎層群を堆積していた海の中心は，時代とともに北へ移動しつつ深さを増していったものと考えられています。

4. 新第三紀中新世の火成活動

宮崎層群が堆積する少し前，約1500〜1400万年前には，大崩山・市房山・尾鈴山を中心とする地域で地下にマグマが貫入し，一部が地表に噴出する火山活動がありました。そのとき地下数kmの深いところに貫入したマグマは，その後冷却固結して花こう岩と呼ばれる岩石になりました。また，地表に至る細い割目に貫入したマグマは，石英斑岩〜花こう斑岩になりました。当時の地表に噴出したマグマは，溶岩流として流紋岩や安山岩となり，あるいは高温の火砕流として噴出したものは溶結凝灰岩と呼ばれる岩石になっています。

祖母山・傾山には流紋岩・安山岩・溶結凝灰岩など，当時の地表に噴出した岩石（祖母山火山岩類）が，山頂付近を中心にいまも残っています。この火成活動でできた地下深部の花こう岩が，その後上部の地層が削られるとともに隆起して地表に顔を出したものが大崩山です。花こう岩類の周辺の地層は熱による変成作用を受けて，硬く締まったホルンフェルスと呼ばれる岩石になっています。また，比叡山・行縢山などの山々は，大崩山を環のように取り巻く花こう斑岩で構成されており，特に環状岩脈と呼ばれています。

尾鈴山は，当時の高温の火砕流が厚く堆積してできた溶結凝灰岩で構成されており，火山の本体ではありません。その後この地域では北西側が隆起したため，溶結凝灰岩などの一部を覆って堆積した宮崎層群とともに東へ傾斜し，硬い溶結凝灰岩の部分が高く残って山地を形成しているのです（主岩体の一つ）。

当時の噴火口は現在の日向市東方沖にあったと推定されています。耳川河口

付近から矢研滝にかけての地域には、溶結凝灰岩を貫いて花こう閃緑斑岩が分布しています（主岩体の一つ）。また、木城町の石河内付近には細長く花こう岩類が分布しています（衛星岩体）。これらの火成岩類をまとめて、尾鈴山-火山深成複合岩体（尾鈴山酸性岩類）と呼んでいます。細長く分布する花こう岩類は、周辺の四万十累層群の岩石に熱変成作用を与えています。

市房山の山頂は四万十累層群の砂岩でできていますが、そのすぐ北西側から江代山にかけての地域には、花こう岩などの深部の岩石が露出しています。この花こう岩の分布の主体は熊本県側ですが、宮崎県側でも県境沿いにわずかに分布しています。花こう岩体の周縁部は、熱変成作用によるホルンフェルスを伴っています。西米良村の天包山や村所などには花こう斑岩の岩脈が見られ、位置的には市房山の花こう岩類の活動に関係するように考えられますが、岩脈の方向や岩質などからは、むしろ尾鈴山火山深成複合岩体の活動と関連があると考えられています。

5. 新第三紀鮮新世の火成活動

宮崎層群が堆積していた鮮新世（533〜259万年前）のころ、霧島山の外縁部に当たるえびの市から小林市にかけて（加久藤盆地北壁、八幡丘など）や、都城盆地北西部（母智丘・丸山、長尾山など）でも火山活動がありました。これらの地域にはこの時代の安山岩の溶岩や火砕岩が見られます。

加久藤盆地の北西を取り巻く山々は、安山岩溶岩や凝灰角礫岩などで構成され、加久藤安山岩類あるいは肥薩火山岩類と呼ばれていました。最近では小林市との境界をなす八幡丘や、その周辺地域に分布する同時代の火砕岩・溶岩を鍋倉層・飯野溶岩類（まとめて「えびの層群」ともいう）と呼び、加久藤盆地北西の溶岩類のうち、下位のものを鍋倉層相当層、百貫山や滝下山を構成する上位の溶岩類を魚野・西野輝石安山岩と呼んでいます。また、鍋倉層相当層のうち、えびの市真幸付近に分布するものは、過去の熱水（温泉）作用により白色軟質の岩石（変朽安山岩）に変わっています。

都城盆地の周辺では、御池の南東に長尾山の山体を構成している輝石安山岩溶岩が分布します。平坦な山頂の山で、安山岩は北西から南東に細長い分布を示しますが、もともとどのようにしてできたのかはよくわかっていません。同

様の輝石安山岩は少し離れた小林市・旧野尻町(のじりちょう)境付近の岩瀬川(いわせがわ)河床部にもわずかに露出していますが，ここでもほかの岩層との関係はわかっていません。

都城の市街地西北西の母智丘公園から丸山峠付近には，丸山溶岩と呼ばれるかんらん石輝石安山岩がわずかに露出しています。母智丘神社の小丘などで岩塊状に見られますが，大半は厚い火山灰層に覆われていて全体の広がりや成因はまだよくわかっていません。母智丘神社の小丘は溶岩円頂丘ではないかと考えられています。

6. 第 四 紀(だいよんき)

宮崎層群の堆積が終わった更新世前期(259～78万年前)の末ごろには，野尻町～高城町(たかじょうちょう)方面や田野(たの)地域に小規模な褶曲(しゅうきょく)などによる沈降性のくぼ地が形成され，ここに諸県層群(もろかたそうぐん)が堆積しました。このころ(100万年前)から，九州山地や鰐塚山地(わにつかさんち)が大きく隆起を開始して，これらのくぼ地に土砂が大量に供給されるようになったと考えられています。

更新世中期(78～13万年前)になると，加久藤盆地や小林盆地の地域で火山活動が活発になり，大量の火砕流堆積物(小林火砕流堆積物・加久藤火砕流堆積物)が放出されました。これらの火砕流堆積物の分布状況や物理探査などの結果から，これらの地域では大規模なカルデラが生じたと考えられています。また，小林市の永田平(ながたびら)にはこの時期の火山活動に関係するとみられる流紋岩(小林流紋岩)がわずかに露出しています。

更新世中期から後期にかけては氷期と間氷期が交互し，世界的に海水準が低下したり上昇したりしました。また九州山地も段階的に傾動・隆起しました。このように基盤の動きと海水準の変動という相対運動の結果，宮崎の平野(へいや)地域では海進(内陸まで海が進入すること)や海退(海岸線が後退して平野が広がること)が繰り返され，さまざまな地層や地形が形成されました。

また，海進や海退に伴い，河川による堆積や削剥の様子は変化しました。河道位置が移動することもありました。ある時期に河川周辺や海岸平野などに堆積した砂礫層が，海退によって河川の浸食力が増加すると，一部は削剥されて一段低い低地が形成されました。削剥を免れた部分は一段高い丘となって残されることになり，このような作用が繰り返し起こることで，階段状の台地(段

丘地形)が形成されました。また，古い時代の段丘ほど高い位置に残り，これを覆う火山灰層も多種類にのぼることになりました。宮崎県内には高さの異なる数多くの段丘が見られます。

更新世も後期(13～1万年前)になると，霧島火山だけでなく宮崎県周辺地域での火山活動も活発になりました。熊本県の阿蘇火山をはじめ，鹿児島県の姶良カルデラ(現在の錦江湾北半分)や阿多カルデラ(錦江湾の南端)などが，火砕流や火山灰などを何度も放出しました。阿蘇火山は4度にわたる大きな噴火をしたことが知られています。最大規模だった4回目の火砕流は，五ヶ瀬川をはじめとする県北の主要な河川に沿って流下しました。約9万年前の出来事です。高温の火砕流堆積物は大半が溶結凝灰岩となって固結したため，これらの地域では旧河道部が火砕流台地として点在しながら残っています。

姶良カルデラは約2.8万年前に大規模な火砕流を発生しました。その堆積物は入戸火砕流堆積物と名づけられています。いわゆるシラスです。シラスは都城盆地をはじめ県南部の広い範囲を埋積しました。また一部はえびの市付近に達し，加久藤盆地にあった湖(古加久藤湖)に流入し，堆積しました。シラスやそれより少し古い時代の火砕流堆積物，礫や砂・泥など，この時期(11万年前以前～2.8万年前)に加久藤湖に堆積した地層は加久藤層群と呼ばれています。

1万年前から現在までは，完新世と呼ばれる時代です。最大海退期以降，現在までの完新世を主体とする期間に，河川の周辺や海岸地域などに堆積した地層は，総称して沖積層と呼ばれています。沖積層には，古い谷底を埋積した砂礫層，縄文時代の海進に伴う泥層，その後の海退に伴う砂層・礫層などがあります。沖積層の表面が，平野部でのわれわれの現在の生活面です。沖積層の表面には，河川によって凹凸が刻まれるほか，海岸部では砂嘴や砂州・砂丘が形成されています。また，縄文時代から現代まで，鬼界カルデラ(鹿児島県硫黄島付近)からもたらされた鬼界アカホヤ火山灰(約7300年前)，霧島火山の御池からもたらされた御池軽石(約4600年前)をはじめとする，多くの火山噴出物(テフラ)が供給され，大地の表面を覆っています。

Ⅱ. 地区別フィールドガイド

フィールドに出かける前に

　野外で観察できる地層を「露頭(ろとう)」といいます。野外では危険もつきものです。しっかりした装備で，ポイントを押さえた観察をすることが大切です。

露頭観察の準備

〔**服装**〕　帽子，長袖，長ズボンなど肌を露出させない服装，野外に適した靴

※　ハチは黒いものを目指して攻撃するといわれています。黒い服装は控えましょう。

〔**準備するもの**〕　地形図(2万5千分の1が便利，各エリアの見出しに参考となる地形図を示しています)，方位磁針，筆記用具，メモ帳，軍手，カメラ，(持っていれば岩石ハンマー，クリノメーター，ルーペ，巻き尺，GPS)

露頭観察のしかた

① 　露頭の前に立ったら，まずは地形図で現在地はどこかを調べましょう。そのためには方位磁針で北の方位を確認して地形図と照らし合わせることが有効です。そして，判断が正しいかを地形図からの情報と現在地の道路，または川や沢の曲がり方，付近の地形などで最終確認します。確認できたら地形図に目印をつけます。

② 　露頭から少し離れて露頭全体の様子を観察します。例えば，のっぺりした一枚の岩なのか，どのような地層で構成されているか，露頭の規模などをつかみます。露頭全体の観察のためには写真撮影よりスケッチすることを勧めます。

③ 　現地では観察する地層の岩石名を無理に決定する必要はありません。野外調査で重要なことは，露頭を構成している地層から多くの情報を取り出すことです。岩石の名前がわからなくても，帰ってからノートに書いた観察情報や現地で採取した石(サンプル)をもとに図鑑や専門書で調べたり，専門家に聞いたりして地層を構成している岩石の名前をつけてゆけばよいのです。で

きるだけ多くの観察情報をスケッチし，それぞれの特徴をメモ帳などに記入します。

④ 見た目の違う地層や岩石(堆積岩や火成岩も含めて)で構成されていれば，お互いの関係がどうであるかを見極めます。例えば，整合関係か，不整合関係か，断層関係か，貫入関係か(用語は専門書を参照)などです。

⑤ 地層や岩石の特徴を観察します。岩石の新鮮な面を観察するためにはハンマーが必要です。色は？　粒の大きさは？　入ってる鉱物はなにか(ルーペがあるとよいです)？　硬さは？　化石はあるのか？　などです。

⑥ 同じ地層の中でも，色や粒子の大きさが変化することがあります。周囲をハンマーで叩いて変化の様子を確認することが大切です。

⑦ 層理面があれば，必ず走向・傾斜を測定します。

⑧ このほか，断層や貫入，岩石の節理があれば，それらの方向や傾きを測定します。

観察するときの注意

・崖に近づく前に，落石の危険がないか確認してから観察しましょう。

・観察場所が私有地である場合，必ず許可を得てから立ち入るようにしましょう。

・国定公園や国立公園，天然記念物や観光地などでは採集が禁じられています。そのほかの場所でも，採集できるかどうか確認してからにしましょう。

・天候の急変や海岸部での潮の満ち引き，波浪などにも十分な注意を払いましょう。

エリア 1

── 五ヶ瀬町，高千穂町，日之影町，延岡市 ──

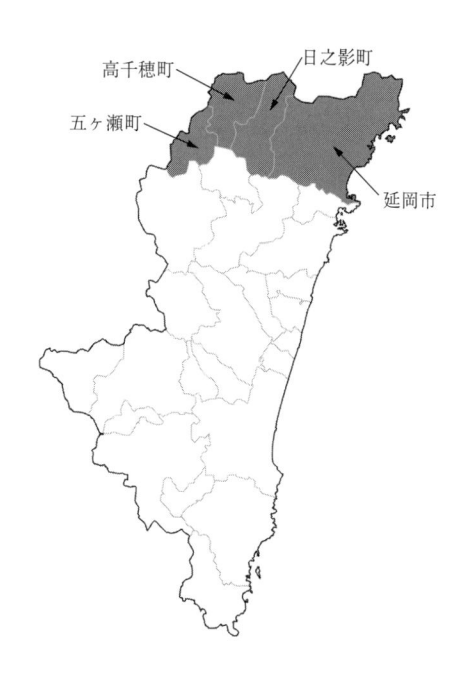

（地図：高千穂町，日之影町，五ヶ瀬町，延岡市）

みどころ

・宮崎で最も古い秩父帯の地層と化石が分布する。
・石灰岩，蛇紋岩，チャートなどここでしか見られない岩石が多い。
・阿蘇の火砕流堆積物が川沿いに広く分布する。

エリア 1-1　津花峠（図 1-1）　五ヶ瀬町（1/2.5 万地形図　馬見原†）

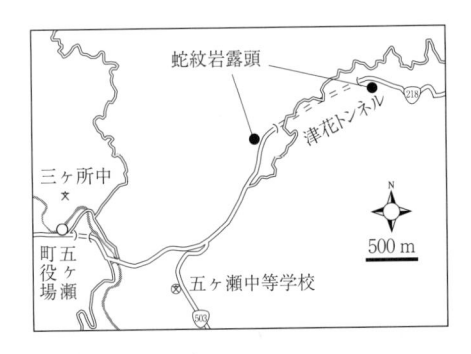

図 1-1　津花峠

　津花トンネルの五ヶ瀬側の入り口近くの崖に，黒紫～青緑色で表面がつるつるとした蛇紋岩が見られます（図 1-2）。この蛇紋岩の層の上に，灰白色の石灰岩層が左斜め上に分布しているのが観察できます。さらにその上には，玄武岩質火山岩類（緑色岩類）の塊が観察できます。これらの岩石は，黒瀬川帯として分類される古い時代の岩石です。このように，黒瀬川帯の地層にはいろいろな岩石が混在しています。この露頭は私有地ですから，許可を得て観察してください。

図 1-2　トンネル西の露頭

エリア 1-2　祇園山（図 1-3）　五ヶ瀬町（1/2.5 万地形図　鞍岡）

　祇園山は九州最古の岩石と化石が産出することで有名です（図 1-4）。山頂をつくる岩石は約 4 億 5 千万年以前の花こう岩です。花こう岩体の南側で，灰色の石灰岩の岩壁が帯状に見られます。この石灰岩には，床板サンゴ（クサリサンゴ，ハチノスサンゴ，ニッセキサンゴなど），ウミユリ，三葉虫などの約 4

---

†　各エリアのフィールド調査に役立つ地形図を示しています。

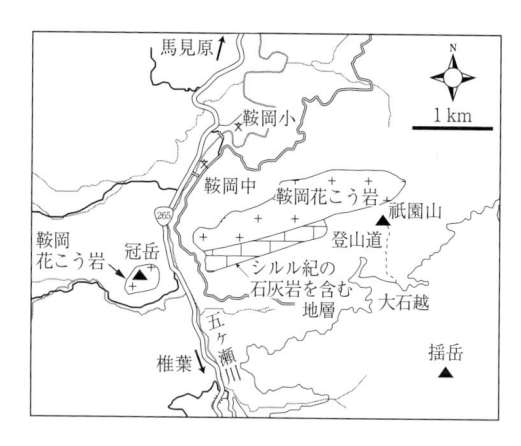

図1-3 祇園山

億3千万年前のシルル紀の化石が含まれています。化石産地は林の中にあり、心無い化石マニアのために植生が荒らされ、現在は立ち入り禁止になっています。学術調査で入るときは、役場に問い合わせて許可を得て入林してください。

図1-4 とんがり山から見た祇園山

エリア1-3 高千穂峡（図1-5）　高千穂町（1/2.5万地形図　三田井）

宮崎県有数の観光地である高千穂峡は、阿蘇火砕流溶結凝灰岩の節理と五ヶ瀬川の浸食作用がつくる見事な造形が楽しめます。ここは名勝・天然記念物に指定されているため、岩石の採取はできません。

① 玉垂の滝

高千穂峡の駐車場に向かう坂を下りきる手前のカーブの東壁に、玉垂れの滝があります。ここでは水が岩壁の割れ目からしみ出しています（図1-6）。岩壁は約9万年前の阿蘇4(Aso-4)火砕流の溶結凝灰岩でできています。岩壁の上部は強く溶結した硬い岩石で、柱状節理が発達しています。下部は溶結の程度が弱くなっており、柱状節理がほとんどない状態になっています。柱状節理に

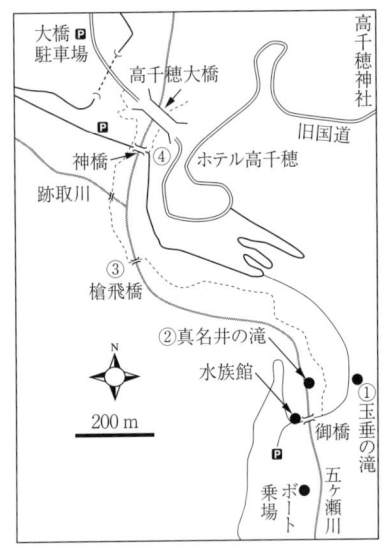

図 1-5　高千穂峡　　　　　図 1-6　弱溶結部からの湧水

沿って下降してきた地下水は弱溶結部に到達すると，そこではあたかも不透水層に当たったようになり，そのために湧出するおもしろい滝です。ここから湧き出した水は高千穂町の御塩井水源として活用されています。

② 真名井の滝

遊歩道に入ってすぐの展望台から，真名井の滝を見ることができます。この滝の水源は先程の御塩井水源です。正面の岩盤は，約12万年前の阿蘇3(Aso-3)火砕流がこの谷に厚く堆積し，みずからの熱で溶結した溶結凝灰岩です。ボートの浮かぶ水面からは縦方向の太い柱状節理が規則正しく並んでおり，その上位には細かく横方向に曲がって成長した節理が見られます(**図 1-7**)。これらの節理は，冷却する際に縮んで割れたものです。

図 1-7　柱状節理とエンタブラチャー

火砕流堆積物が冷却収縮して固化

するときにできる節理は、空気や地面に触れた場所では、一般にその面に対して垂直に内部へ向かって成長しますが、厚く堆積した火砕流堆積物の内部では、重力に沿った方向に上部と下部からそれぞれ堆積物の中央に向かって柱状節理が発達します。最後まで高温であった中央付近では、柱状節理とは異なる細かな節理が発達します。ここでは、下から成長してきた柱状節理（下部コロネード）と、中央部の細かな節理（エンタブラチャ）の部分を見ています。

③ 槍　飛

遊歩道を進んでいくと、五ヶ瀬川が十数万年かけて阿蘇溶結凝灰岩を浸食してつくりだした、さまざまな構造を観察できます。川幅の広い部分には鬼の力石と呼ばれる巨岩があり、浸食された十数 m もの岩壁が切り立っています。槍飛と呼ばれる細い回廊状の水路などでは、激しい水流によって固い岩石がスプーンでくり抜かれたかのような谷壁や、水流の力などでつくった甌穴が観察できます（図 1-8）。高さの違う三つの橋が目の前に見えてくるあたりでは、いびつな六角形を敷き詰めたような Aso-3 の柱状節理の横断面が露出しています。強溶結部の岩石には、長さ 10 cm 程度のレンズ状の黒曜石や、上下につぶれた軽石が平行に並んでいます。

④ 神橋北

真名井の滝から遊歩道を進み、あららぎ茶屋から車道に出ると神橋が架かっ

図 1-8　槍飛の甌穴　　　　　図 1-9　Aso-3 と Aso-4 の境界

ています。この橋を渡って再び遊歩道に降りると、右手奥の壁は、上位に硬いAso-4 火砕流溶結凝灰岩があり、柱状節理の下部が板状節理になっています。その下位に直径数 cm 〜 30 cm 程度のそろいの悪い礫層や、軟らかい砂礫層が見えます(**図 1-9**)。これは約 9 万年前の Aso-4 火砕流に埋め尽くされる直前の、旧五ヶ瀬川の河床堆積層です。この下位には約 12 万年前の Aso-3 火砕流堆積物があるので、3 万年という長い時間をかけて形づくられていた渓谷が、わずかな時間の大噴火で埋まってしまったことがわかります。

エリア 1-4　尾橋渓谷(おばしけいこく)(図 1-10)　高千穂町(1/2.5 万地形図　三田井)

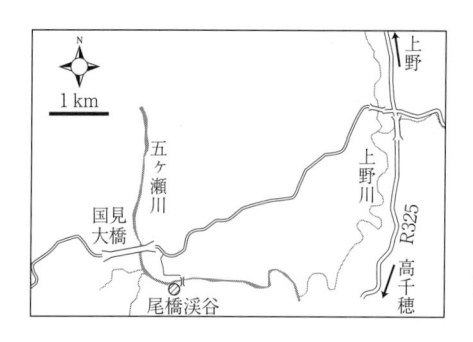

図 1-10　尾橋渓谷

渓谷入り口から五ヶ瀬川まで人道をおり、鉄製の小橋で右岸に渡り、段丘状になった川岸を上流側に散策するのが良いでしょう。この散策路に沿って、堆積時期の異なる Aso-3 と Aso-4 の二つの火砕流堆積物のシャープな境界を川岸で観察できます(**図 1-11**)。また、溶結部には大小さまざまな径の甌穴が複

図 1-11　Aso-3 と Aso-4 の境界部 　　**図 1-12**　Aso-3 と Aso-4 の境界部と甌穴

雑に絡み合っているものや，火砕流堆積物が冷却する際にできた柱状節理と，その多角形の断面が見られます（図1-12）。

この峡谷でのAso-4火砕流堆積物の岩石表面は明るい褐色を，Aso-3火砕流堆積物は小さな黒色レンズを多く含み，灰黒色をしています。尾橋地区の五ヶ瀬川は約9万年前にも河川の流路であり，その河床はAso-3火砕流堆積物と呼ばれている阿蘇火山が噴出した大規模火砕流堆積物の強く溶結した岩石で作られていました。この時期に阿蘇火山はさらに大規模に火砕流を噴出し，Aso-4火砕流堆積物と呼ばれる堆積物がこの地域を埋め尽くしました。その後，同じ場所に復活した五ヶ瀬川が浸食を進め，その河床を一層掘り下げ，両岸にAso-4とAso-3の火砕流堆積物を露出させてしまいました。

エリア1-5　塩井の宇層（図1-13）　高千穂町（1/2.5万地形図　三田井）

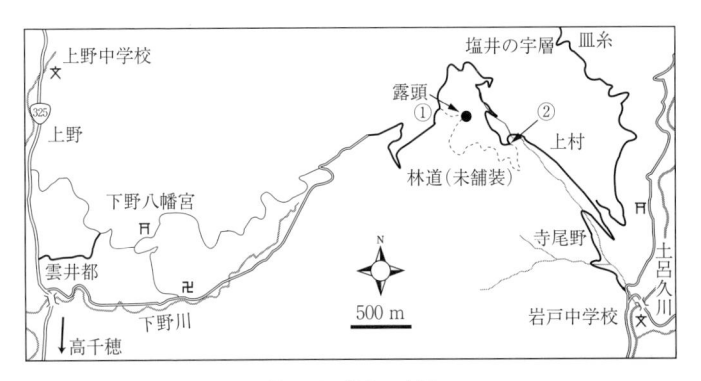

図1-13　塩井の宇層

高千穂町上村から下野に抜ける林道を進むと説明板のある場所に到達します（図1-14）。説明板の後ろにある黒色の石灰岩には，白色で米粒位の大きさの斑点が見られます。この斑点をルーペで観察すると，同心円状の模様が見られます。これは，古生代最後のペルム紀の海に住んでいた，フズリナ

図1-14　塩井の宇層の露頭

という生物の化石です。看板の向かい側の崖にも同じものが見られます。

この石灰岩の堆積した時代には環境の大きな変化が生じ，それに伴ってフズリナには2段階の絶滅があったと考えられています。

○第1段階のフズリナの大型種の絶滅

看板の向かいの高い崖を見ながら下野方向に進むと，黒色の石灰岩から灰白色の石灰岩に変わり，含まれるフズリナ化石は大型種から小型種に変化していきます。

○第2段階のフズリナの絶滅

灰白色の石灰岩の西側は，崖から崩れ落ちた土砂（崖錐堆積物）に覆われています。その先に白色の石灰岩の層が見られます。

この白色の石灰岩には古生代のフズリナ化石は含まれず，北東延長には中生代三畳紀の貝の化石が発見されています。これらは貴重な露頭ですから，化石は観察だけにして採集は控えてください。

図1-13の地点①から露頭を通って地点②までつづく林道は現在使われていないため，地点①から露頭までは歩いて行かれることをおすすめします。

エリア1-6 柘の滝鍾乳洞（図1-15） 高千穂町（1/2.5万地形図 諸塚山）

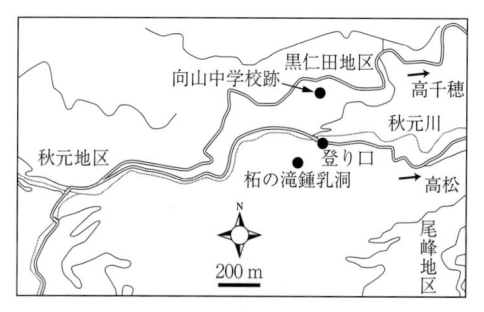

図1-15 柘の滝鍾乳洞

向山中学校跡地の真南の秋元川を隔てた対岸の山体の石灰岩岩壁の下に「柘の滝鍾乳洞」があります。鍾乳洞内は80m地点まで調査され，板状，柱状，カーテン状など，さまざまな形の鍾乳石が多数確認されており，国の天然記念物に指定されています。

ところで、一帯の石灰岩は化石を含んでいることが最近になってわかってきました。2001年に付近の秋元川左岸で、メガロドン類の貝化石を含む石灰岩を小学生が発見し、話題になりました。また、2007年には右岸でもメガロドン類の化石を含む石灰岩の露頭が見つかりました(**図1-16**)。メガロドン類は大きな歯(蝶番上にある噛み合わせのための突起)と厚い殻が特徴の二枚貝で、三畳紀後期に低緯度地域の浅い海で繁栄していたと考えられています。メガロドン類は国内では三宝山帯や北部北上山地などの石灰岩中から多く見つかっており、県内では椎葉村時雨岳や不動冴山、諸塚村黒岳、日之影町洞岳付近での産出が知られています。土地の所有者の許可なしに化石を採集することはできません。

図1-16 メガロドン石灰岩

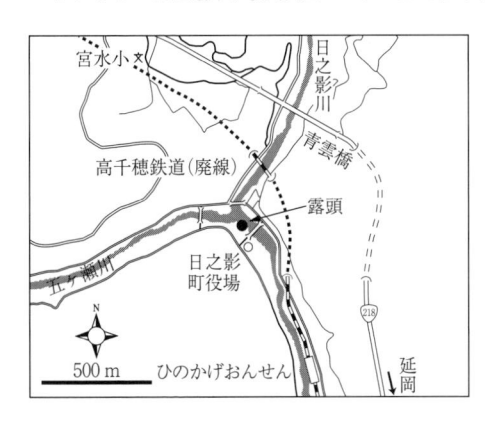

エリア1-7 日之影町役場(図1-17) 日之影町(1/2.5万地形図 日之影)

図1-17 日之影町役場

役場に行く橋の上から五ヶ瀬川の上流を眺めると、川の中に赤紫色の岩石が見られます。左側の岸には淡緑色の岩石が見られます(**図1-18**)。これらの赤紫色や淡緑色の岩石は、玄武岩質火山岩類(緑色岩類)の仲間であり、海底に堆

図 1-18 役場下の緑色岩類

積した厚い火山灰層が強い力を受けて頁岩状に変化したと考えられます。左岸の緑色岩類の上流には黒色の千枚岩が見られます。川岸に降りて観察すると、千枚岩の薄く剝がれる性質がよくわかります。ここでは、緑色岩類は千枚岩の層の中にはさまれた形で分布しています。この地層は四万十帯に分布する蒲江亜層群にあたります。

エリア 1-8　槙峰(まきみね)(図 1-19)　日之影町(1/2.5 万地形図　日之影)

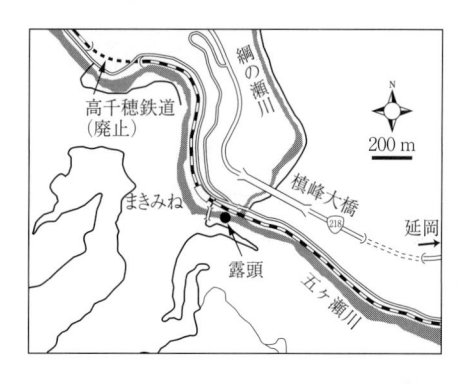

図 1-19　槙　峰

廃線となった旧高千穂鉄道の槙峰駅から対岸に渡る橋の上で五ヶ瀬川の下流を眺めると、緑色の岩石が見られます(図 1-20)。玄武岩質火山岩類(緑色岩類)の枕状溶岩です。その下流には黒色の千枚岩が見られます。橋の上流にも千枚岩が見られます。このように、千枚岩の層の中に緑色岩類を取り込んでいる地層はこの地域の特徴的なもので、蒲江亜層群の中の槙峰層と呼ばれています。

図 1-20　槙峰の五ヶ瀬川

エリア1-9 行縢山(むかばきやま)(図1-21) 延岡市(1/2.5万地形図 行縢山(のべおかし))

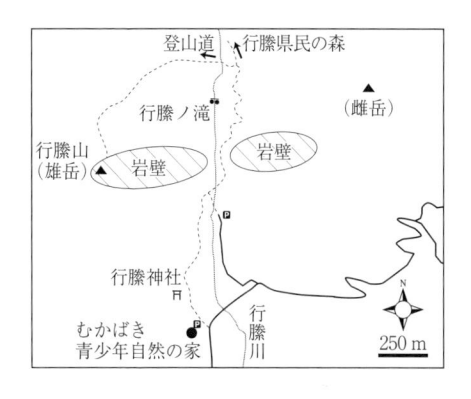

図1-21 行縢山

　延岡市の北西部に位置する行縢山は，屏風のような岩壁が美しく登山でも親しまれている山です。山体は雄岳(おだけ)(標高830.7 m)と雌岳(めだけ)(標高809 m)の二つの岩峰からなり，これらの間を「行縢の滝」が流れ落ちています(図1-22)。

　新第三紀中新世(約1400万年前)に，現在の祖母山(そぼさん)・傾山(かたむきやま)の周辺で大規模な火山活動が起こりました。

図1-22 雄岳(左)，雌岳(右)

この火山活動の末期に，大崩山(おおくえやま)の周囲を取り巻く割れ目が四万十累層群の砂岩や頁岩の岩盤にでき，これに沿ってマグマが貫入・固結して花こう斑岩になりました。行縢山は周囲の地層よりも硬い花こう斑岩の環状岩脈が浸食によって取り残されたものです。環状岩脈は東の延岡市から順に可愛岳(えのたけ)，行縢山，比叡山(ひえいざん)，矢筈岳(やはずだけ)，丹助岳(たんすけだけ)と続き，西は高千穂町までたどることができます。

　行縢の滝や山頂付近の花こう斑岩には，半透明の石英や白色長方形の長石の大きな結晶(斑晶)が目立ちます。斑晶の外には黒っぽい円形の包有物が見られます。これはマグマが貫入するときに四万十累層群の岩盤を引っかいて取り込んだ捕獲岩(ゼノリス)です。行縢山は祖母傾国定公園ですので，岩石の採集はできません。

エリア1-10　愛宕山（図1-23）　延岡市（1/2.5万地形図　延岡）

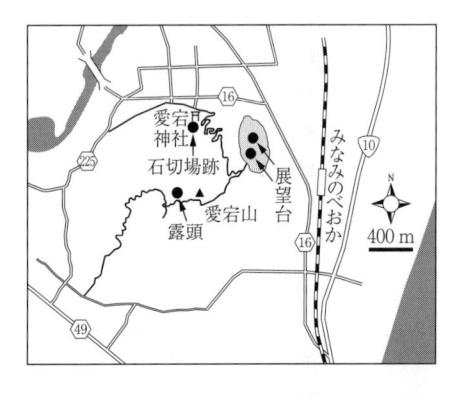

図1-23　愛宕山

　JR南延岡駅の西方に見える山が愛宕山（標高251 m）です。愛宕山の登山道は二つあり，このうちの一つは山の南西側から登るルートで，片田町から沖田川沿いに西に進むと登山口があります。この登山道沿いの斜面はほとんどが露頭で，地層の様子をよく観察することができます。露頭の大半は砂岩ですが，砂岩と泥岩が数cm幅の互層をなしているところもあります（図1-24）。

図1-24　砂岩泥岩互層

　もう一つのルートは北の愛宕町からの自動車道で，途中に愛宕神社があります。愛宕神社脇の沢には延岡城の石垣の石材を採取した跡があります。愛宕山の地層は四万十帯の日向層群の地層で約4～3千万年前に堆積したものです。砂岩の量が多く，周囲より硬いため，浸食から取り残され現在の愛宕山の形をつくりました。海水準が現在よりも高かった縄文時代（縄文海進）には，愛宕山は海に突き出した半島であったと考えられており，愛宕山の周囲にはこれを裏付ける貝塚などの遺跡がたくさん見つかっています。なお，道幅が狭くなっているところが多いので，観察の際は交通に十分注意しましょう。

エリア 1-11　白浜(図1-25)　延岡市(1/2.5万地形図　島浦)

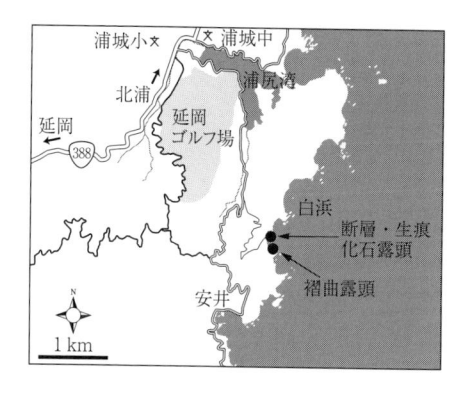

図 1-25　白浜

　白浜海岸に降りて，北の方角を見ると，砂浜に突き出た岩塊が見られます(**図 1-26**)。この岩塊は砂岩層が頁岩層より厚い，砂岩優勢の互層からなっています。岩塊の中央部には断層や褶曲が見られ，断層と褶曲のでき方をいろいろと考えることができます。岩塊の海側の頁岩層には，黒色の棒のようなものが見られます。これは海中生物が海底を這ってできた生痕化石と呼ばれるものです(**図 1-27**)。この地域に分布する地層は，四万十累層群の中の北川層群と呼ばれているもので，ほかの地域より強く褶曲した地層や，断層などの複雑な構造を観察できます。

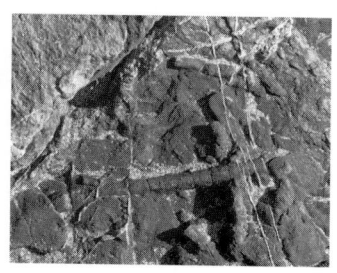

図 1-26　白浜海岸露頭　　**図 1-27**　白浜海岸の生痕化石

エリア 1-12 浦城港（図 1-28）　延岡市（1/2.5 万地形図　島浦）

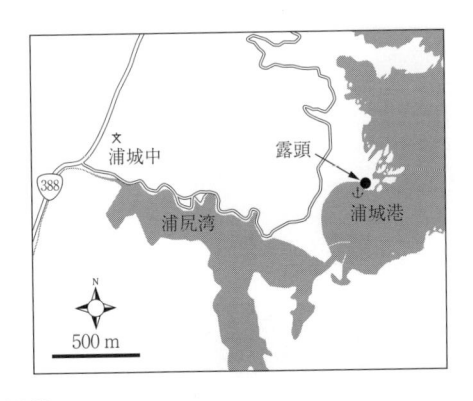

図 1-28　浦城港

　島野浦に渡るフェリー乗り場から北側の海岸を見ると，四万十累層群北川層群に属する砂岩と頁岩からなる砂岩頁岩互層が見られます（図 1-29）。頁岩は砂岩に比べ薄く，砂岩優勢互層と呼ばれる地層です。波の浸食で黒色の頁岩は削られ，くぼんでいます。場所によっては，地層が緩く褶曲したり，砂岩などの礫を含んだ1m程度の厚さの頁岩層（含礫泥岩）が見られます。また砂岩層には，生物が活動した様子を示す生痕化石が見られます。

図 1-29　浦城海岸

　海岸には，互層の上に，幅2m程度で厚さ数十cmの板状のビーチロックが見られます。これは，丸い礫が石灰分によって固められてできたものです。ビーチロックは北浦町の大間海岸にも規模の大きなものが見られます。

エリア 1-13　東海海岸(図1-30)　延岡市(1/2.5万地形図　延岡北部)

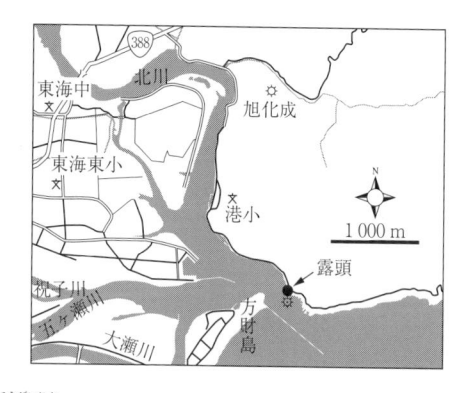

図 1-30　東海海岸

方財島を目の前にして灯台が立つ海岸には黒色の泥質岩が見られます。この泥質岩は，鈍い光沢のある鱗片状で，白色の石英の1cm以下のレンズ状の薄い層を多く含んでいます。この平行に重なる薄い石英のレンズは，ケイ酸成分(シリカ)が再結晶したものです。また，レンズ状ではなく，曲線的や直線的に見える石英の脈もできています。泥質岩層には灰色または淡黄色の砂岩が数十cmサ

図 1-31　せん断泥質岩

イズの塊で含まれています(図1-31)。この砂岩ブロックは，砂岩層が強い力によってちぎれ，泥質岩の中に取り残されたものです。このように，泥質岩は全体に強い力を受けており，その成因から，せん断泥質岩と呼ばれています。

この付近の地層は四万十帯の日向層群に相当し，延岡衝上断層のすぐ南に分布しているため，せん断泥質岩の生成は衝上断層の形成と関係があると考えられています。同じような地層は諸塚村荒谷や美郷町南郷区にも分布し，荒谷層または神門層と呼ばれています。

エリア1-14 大間海岸(図1-32)　延岡市(1/2.5万地形図　古江)

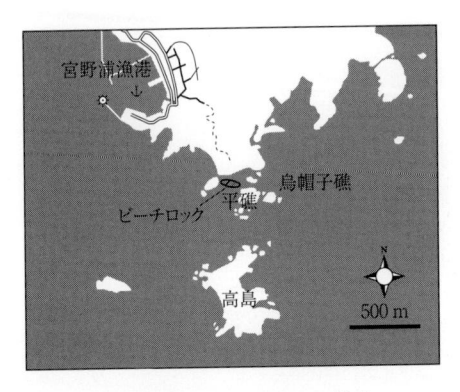

図1-32 大間海岸

延岡市北浦町宮野浦地区の大間海岸の平礁付近に，北西から南東の方向に幅20〜30m，長さ200mの広範囲にわたり，潮間帯の礫や砂，貝殻片などが厚さ30cm程度の板状に固結した礫岩が分布しています(**図1-33**)。この礫岩は「ビーチロック」と呼ばれ，まれにプラスチック片などの人工物を含むことがあるため，現世の海浜堆積物が石灰分によってその場で固まったことがわかりま

図1-33 大間海岸のビーチロック

す。ビーチロックは本来低緯度のサンゴ礁地帯に多いもので，県内では大間海岸のすぐ南の高島や浦城港付近，日南市の大島などで小規模なものを見ることができます。しかし，大間海岸のビーチロックは非常に大規模なもので，ビーチロックを形成維持できる環境が緯度の高い地点に保たれていることは注目です。

なお，ビーチロックをさざれ石として紹介することもあるようですが，岐阜県の天然記念物に指定されている揖斐川町の「さざれ石(石灰質角礫岩)」とは成因が異なっています。

エリア1-15　下阿蘇海水浴場（図1-34）

延岡市北浦町（1/2.5万地形図　古江）

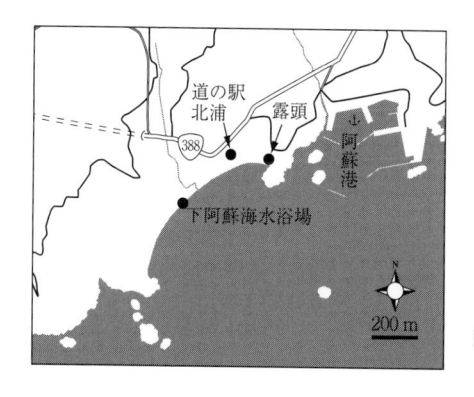

図1-34　下阿蘇海水浴場

道の駅北浦がある下阿蘇海水浴場の北の崖には，ハンマーで叩くと薄く剥がれる黒色の岩石が見られます（図1-35）。これは諸塚層群蒲江亜層群の千枚岩です。千枚岩は泥質の岩石が強い力を受け，新しくできた板状の鉱物（変成鉱物）が面状に配列し，厚さ数mmのシートが重なったように見えます。千枚岩は，変成岩に分類されています。ここの岩石には白くて硬い網目状の筋が見られま

図1-35　下阿蘇海水浴場北の千枚岩

す。これは，岩の割れ目にケイ酸成分（シリカ）が再結晶してできた石英の脈です。石英は風化に強いため，周囲より浮き出しています。同様の千枚岩は，北浦漁港周辺，宮之浦の海岸にかけても見られます。

エリア1-16　森谷谷　延岡市北川町（図1-36）（1/2.5万地形図　熊田）
① 森谷観音滝

国道10号線，日の谷集落入り口から西に約1.6km進むと，森谷観音堂・滝入り口の看板が見られます。滝入り口付近には砂岩が見られます。入り口から

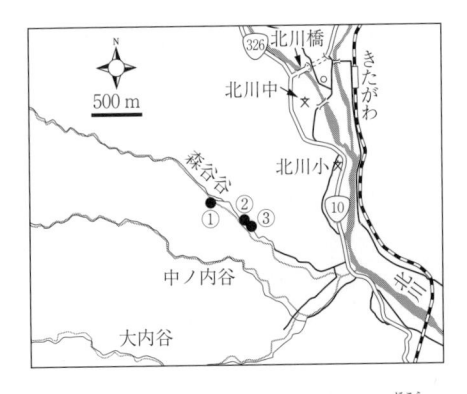

図 1-36　森谷谷

徒歩数分で滝に着きます。滝手前の不動明王の祠の周囲には，赤色の頁岩が見られます。滝つぼより下流には黒色の千枚岩が見られます。また，滝の左側手前の岩には緑色の丸い岩が積み重なって見えるところがあります（**図 1-37**）。

これは玄武岩の溶岩（緑色岩類）が水中で冷却してできた枕状溶岩です。玄武岩や赤色の頁岩は，かつての海洋底でできた岩石が，千枚岩や砂岩に取り込まれたものです。この地層は四万十帯に分布する蒲江亜層群にあたります。

図 1-37　森谷観音滝の枕状溶岩

②　滝手前 100 m の道沿い

滝入り口から約 100 m 手前のカーブ付近の道沿いの崖に，数十 m にわたって白色の珪長岩が見られます（**図 1-38**）。この岩石は，顕微鏡でも見えないほど微小な石英や長石の結晶が集まってできており，なめらかな感じを受けます。珪長岩の隣には珪長岩や四万十累層群の砂岩・頁岩などの破片を含んだ灰白色のタフィサイトが 5 m ほどの幅で見られます。これらの岩石の周囲には黒色の千枚岩が見られ，珪長岩やタフィサイトが岩脈を形成していることがわかります。

③　滝手前 200 m の道沿い

珪長岩・タフィサイトの露頭から約 100 m 道路を下ると，白色の長石の斑

図1-38 珪長岩(奥)とタフィサイト(手前)　　図1-39 花こう斑岩

晶を含む茶色っぽい岩石が見られます(図1-39)。この岩石は花こう斑岩です。珪長岩・タフィサイト・花こう斑岩はいずれも大崩山の花こう岩類を取り巻く岩脈を形成している岩石です。②，③の露頭や岩石の観察から，これらの岩脈の貫入順序は珪長岩→タフィサイト→花こう斑岩と考えられています。

エリア1-17　方財島(図1-40)　延岡市方財町(1/2.5万地形図　延岡北部)

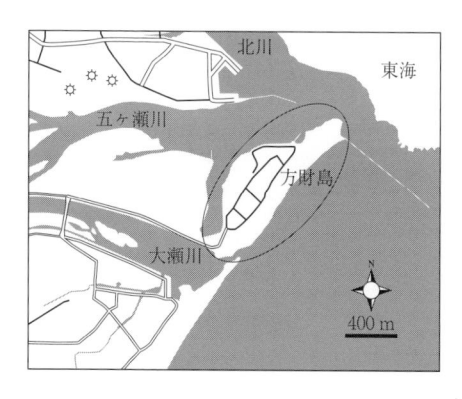

図1-40 方財島

方財島は，延岡市街地を流れる多くの河川の河口合流部に位置している島です(図1-41)。島の周辺には北側から「北川」，北西側から「祝子川」，西側から「五ヶ瀬川」と「大瀬川」が流下しています。延岡市街地は，縄文海進後の

図 1-41 東海半島より見た方財島

海退時にこれらの河川が流路を変えながら運んできた砂などの多くの砕屑物で埋積された場所につくられています。この四つの川の河口近くには，現在も多くの砂州を見ることができます。最大標高が約 10 m の方財島の北東側には人口密集地があり，南東側には島に沿って砂浜海岸が海に向かって緩やかな傾斜で分布しています。

河口寄りの海抜 1 m 以下の数地点でのボーリング調査では，上から腐植片を含む砂層（深さ 10 〜 15 m），阿蘇溶結凝灰岩，砂礫層と堆積しており，深度約 20 m で四万十累層群の頁岩が見出されています。これらの結果から方財島の基盤の高度が周辺の市街地より高かったため，河川から供給され続けた砂礫は，ここで止められて厚く堆積し，方財島のもとをつくったと考えられます。その後，南の土々呂から伸びた砂浜海岸の延長上の砂嘴と島の南東側の砂浜が伸びてつながり，長浜海岸をつくっていると思われます。

エ リ ア 2

— 椎葉村，諸塚村，美郷町，門川町，日向市 —

みどころ

・尾鈴山酸性岩類の柱状節理が発達する。
・四万十累層群の地層で形成される急峻な谷が見られる。
・玄武岩質火山岩類(緑色岩類)が分布する。

エリア 2-1　水無(みずなし)（図 2-1）　椎葉村(しいばそん)（1/2.5 万地形図　不土野(ふどの)）

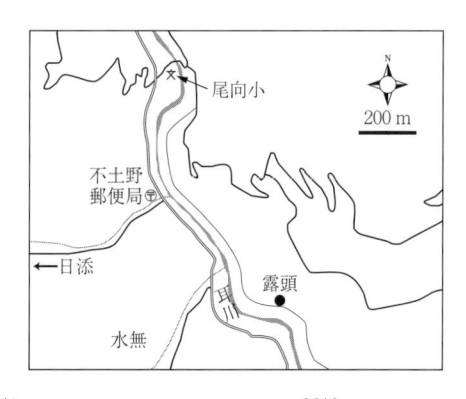

図 2-1　水　無

尾向(おむかい)小学校のすぐ上流の橋を渡り，耳川(みみかわ)左岸に沿う道を下流側に進むと，セメントが吹きつけられた崖が続きます。およそ 1.5 km 行くと，露頭観察のためにそこだけ金網にされた露頭があり，金網越しに石灰岩が見られます（図 2-2）。石灰岩より下流（右）側には，幅 10 m にわたって，黒くツヤのある頁岩の中に砂岩やチャートのブロックを含む層が観察でき，大きな力を受けたことがわかります。もう少し下流（右）側ではセメントが吹き付けられていますが，砂岩と頁岩の互層が分布しています。この露頭から耳川の上流側の地域には石灰岩，玄武岩質火山岩類（緑色岩類），チャートなどが多く分布しています。一方，下流

図 2-2　水無の露頭

側の地域では石灰岩は見られず，砂岩・頁岩から構成されています。

日本列島の大まかな地質構造区分では，石灰岩などが分布する地質帯を秩父帯，ほとんどが砂岩と頁岩からなる地質帯を四万十帯と呼んでいます。二つの地質帯を区分する破壊された部分は，日本列島の成立過程に関する重要な境界であり，仏像構造線と呼ばれています。この場所は仏像構造線の見られる露頭です。水無の地名は，石灰岩が広く分布する地帯では雨水や地表水が石灰岩を

溶かし，地下に入り込み，地表面での水の流れが見られなくなるためにつけられた地名だと考えられます。

エリア2-2　椎葉採石場（図2-3）　椎葉村（1/2.5万地形図　上椎葉）

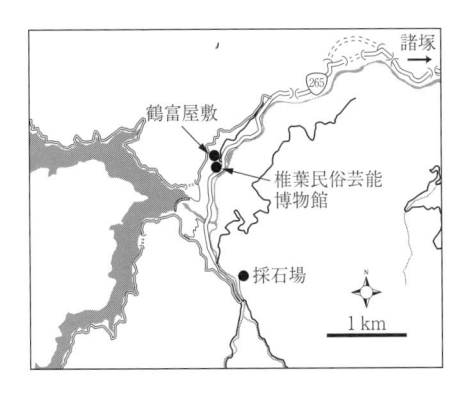

図2-3　椎葉採石場

　針金橋の南側700mにある採石場では，粒が粗い灰色の砂岩の層が多く見られ，砂岩層の間に4m程度の厚さの砂岩頁岩互層がはさまれている部分もあります（図2-4）。互層の頁岩は黒色で，薄く板状に割れる性質があります。これらの地層は，四万十累層群の佐伯亜層群です。この地域の地層は個々の砂岩層が厚く，厚い砂岩層の間には砂岩頁岩互層や頁岩層をはさんでいます。この採石場は，上椎葉ダム建設にあたり砂岩を採取した場所です。

図2-4　採石場の砂岩

エリア2-3　落水谷の滝（図2-5）　椎葉村（1/2.5万地形図　上椎葉）

　中椎葉トンネルの椎葉側にある滝は4段からなり，全体の落差は約50mです（図2-6）。この付近の地層は，厚い砂岩層と砂岩頁岩互層が繰り返しています。厚い砂岩層は浸食に強いため，階段状の滝を作っています。この砂岩は灰

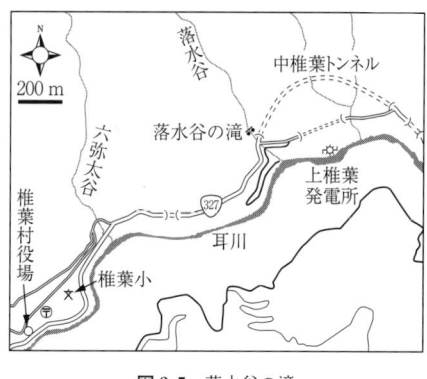

図 2-5 落水谷の滝　　　　**図 2-6** 落水谷の滝

色で粒が粗く，頁岩は黒色で薄く板状に剝がれるところもあります。これらの地層は，四万十累層群佐伯亜層群のもので，椎葉採石場のものと同じ岩石です。この滝のある谷は土石流危険渓流で，かつて大規模な土石流が発生したことがあります。

エリア 2-4　塚原発電所（図 2-7）　諸塚村（1/2.5 万地形図　諸塚）

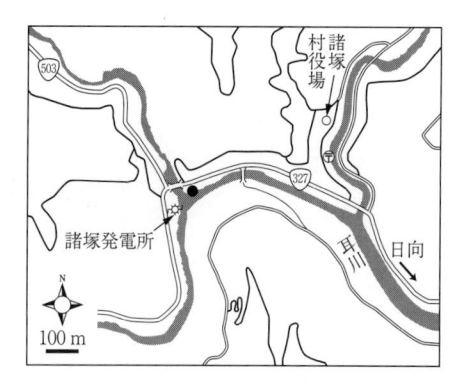

図 2-7 塚原発電所

諸塚村商店街を椎葉方面に抜けると，川の合流地点に塚原発電所があります。国道 327 号線沿いの耳川の河床は，火山灰からなる赤色と緑色の玄武岩質火山岩類（緑色岩類）を見ることができます（**図 2-8**）。商店街はこの岩盤に支柱

を立てて建設されています。また、川の上流には黒色の千枚岩を見ることができます。緑色岩類も千枚岩も似たような薄板状で、ほぼ同じ傾きを持って連続して観察できます。この地層は四万十帯の中の蒲江亜層群のもので、日之影町役場(エリア1-7)で解説した地層に連続しています。

図 2-8　塚原発電所の緑色岩類

エリア 2-5　阿切(あせり)(図2-9)　美郷町南郷区(1/2.5万地形図　日向大河内)

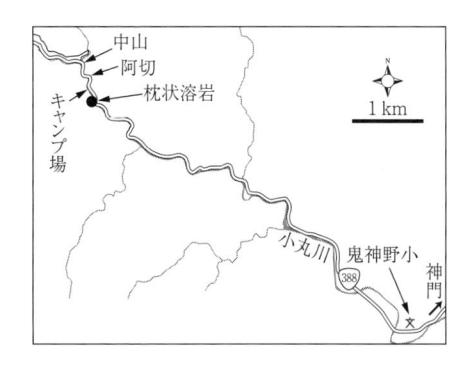

図 2-9　阿切

キャンプ場の駐車場から500 m下流に宮崎県指定の名勝「鬼神野・栂尾溶岩渓谷」があり、ガードレールの切れ目から川におりる歩道があるので、川辺におりて岩石を観察してください。赤色や緑色の玄武岩溶岩が数十cmから1 mほどの径の丸い枕を重ねた形で、河川に沿って500 mにわたって分布しています(**図2-10**)。ドロドロした熱い溶岩が海水中にゆっくりと流れ出すと、海水で急冷

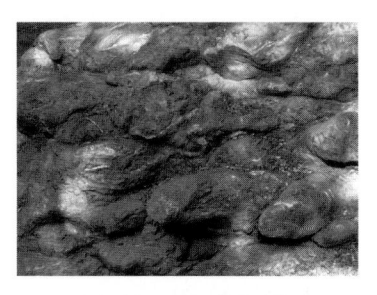

図 2-10　阿切の枕状溶岩

された溶岩表面が球形の枕の形に固化されます。後続して押し出してくる溶岩は，この先端を打ち破って，海水中に新たに流れ出します。これはまた海水で急冷され，前の枕の外側にさらにつぎの枕が固化されていきます。枕を積み重ねた溶岩の形態(枕状溶岩)は，このような方法でできたことを示しています。

この枕状溶岩の上流側には赤色や淡緑色の頁岩が見られます。この岩石は海底火山活動に伴う多量の火山灰を含んだ岩石で，多くは玄武岩溶岩に伴って見られます。同様の玄武岩溶岩は，美郷町西郷区「大斗の滝」周辺にも分布しています。

エリア 2-6 大斗の滝(図 2-11)　美郷町西郷区(1/2.5 万地形図　田代)

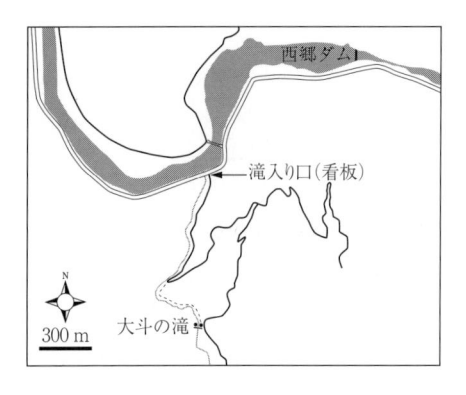

図 2-11 大斗の滝

大斗の滝の駐車場より 200 m，案内に従って進むと 4 段の滝が見られます。高さは約 80 m です。駐車場から滝周辺の岩石は，玄武岩質火山岩類(緑色岩類)です。滝の壁などに見られる丸い枕を積み重ねたようなものは玄武岩の溶岩で，その形から枕状溶岩と呼ばれます(**図 2-12**)。滝の下の河原には丸い枕が積み重なった枕状溶岩が観察できます。枕状溶岩の周囲には緑色の凝灰岩も見られます。

下から 2 段目の滝つぼには，滝の

図 2-12 大斗の滝の枕状溶岩

右側に進む通路が設置されています。ここの玄武岩類と同じものが西郷ダムの下流の川床にも見られます。また,滝の駐車場より下流や西郷ダムの玄武岩類の下流には,荒谷層または神門層と呼ばれる特徴ある地層が見られます。これは,白い石英の薄いレンズを多数はさむ,黒色の鱗片状の頁岩で,せん断泥質岩と呼ばれています。また,せん断泥質岩の層には,灰色または淡黄色のちぎられてレンズ状になった砂岩が含まれていることがあります。これらの地層は四万十累層群日向層群です。

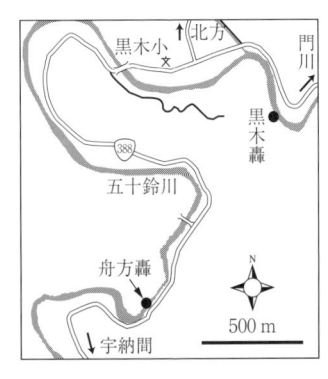

エリア2-7　舟方轟（図2-13）　美郷町北郷区（1/2.5万地形図　川水流）

図2-13　舟方轟　　　　図2-14　舟方轟露頭

轟とは,比較的大きな瀬を速く流れる水が大きな音を作りだしている地形,例えば滝や比較的大きな瀬のことです。

舟方轟は美郷町北郷区の国道388号線沿いにあります。この地域に分布する地層は,四万十累層群日向層群の厚い層状の砂岩層と砂岩頁岩互層からなっています（図2-14）。ここでは北西に傾斜する厚い砂岩層が五十鈴川の流れに沿って露出しています。厚い砂岩層には,水流によって丸くくぼんだ甌穴も見られます。この北東側では,川の流れが同じ厚い砂岩層に直交しており,黒木轟を形成しています。この地層（珍神山層）は砂岩主体であり浸食に強いため,その延長には愛宕山,珍神山,加子山,雪降山,烏帽子岳などの山々を形づくっています。また,祇園滝,布水の滝などの多くの滝が見られます。

エリア 2-8　西門川（図 2-15）　門川町（1/2.5 万地形図　上井野）

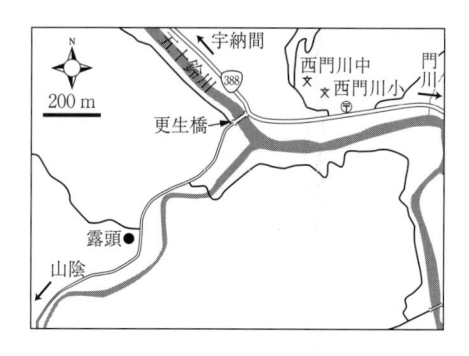

図 2-15　西門川

　西門川から東郷方面に行くと更生橋があります。橋から約 100 m 進んだところの道の右側に礫層が見られます。礫は砂岩が多く，チャートも少し含みます。大きさは 10 〜 20 cm 程度のものが多く，まれに 30 cm 程度のものも見られます。亜円礫が多く，雑然と堆積しています。礫層の下には日向層群の砂岩が見られ，この砂岩の上に不整合の関係で礫層がのっています（図 2-16）。これらの礫は，昔の五十鈴川に堆積した河床礫の一部です。その後，川底が深く浸食されたため，当時の河床が高い位置に取り残されました。このようにしてできた地形を河成段丘（河岸段丘）といい，残された礫層を段丘礫層と呼びます。

　この道を少し登った施設の敷地のそばの崖には，阿蘇 4（Aso-4）の火砕流堆積物が見られます。ここでは扁平で灰色の軽石を含んだ黒色の溶結凝灰岩です。

図 2-16　砂岩を不整合で覆う礫層

エリア 2-9　庵川漁港（図 2-17）　門川町（1/2.5 万地形図　日向）

　庵川漁港の東側には唐船バエと呼ばれる岩礁があります（図 2-18）。ここでは，北に傾斜している地層を，南から順に観察していきます。岩礁の最も南側

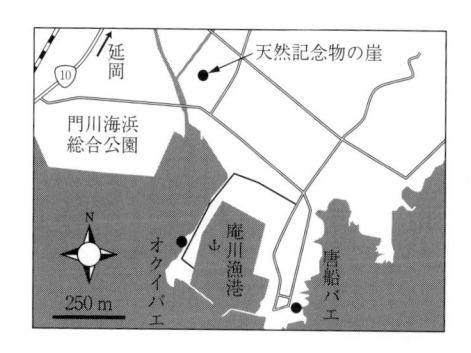

図 2-17　庵川漁港

には砂岩層があり，最大 2 〜 3 cm の角張った頁岩の小片を含んでいます。その北側には砂岩と頁岩の互層が波食によって広く露出しているのが見えます。砂岩優勢の互層から等量互層，頁岩優勢互層へと，北へ行くほど砂の層が薄く，泥の層が厚くなっていくのが観察できます。互層

図 2-18　庵川漁港東側露頭

の砂岩にはクロスラミナや平行ラミナが見られます。また，頁岩優勢の互層は層が緩くたわんだり，褶曲しているものも見られます。断層もよく発達し，地層形成後に複雑な力を受けたことが想像されます。

　ここの地層は門川層群と呼ばれ，産出する化石から新生代古第三紀の堆積物と同定され，県南に分布する日南層群に相当するものと考えられています。庵川漁港の西側にあるオクイバエの堤防沿いには，門川層群の複雑に褶曲した頁岩層が見られます。堤防の南端では尾鈴山酸性岩類の白色の岩塊を含んだ岩体が見られます。この岩体は，門川層群が堆積した後，新第三紀に尾鈴山の火山活動に伴う火砕流噴出に伴ってできた火山角礫岩と考えられてきました。最近では，この火山角礫岩としている地層は，当時のカルデラ壁が崩壊してできた「岩屑なだれ堆積物」とする研究結果も報告されています。門川層群と尾鈴山酸性岩類の分布境界は，漁港の北側の庵川西近隣公園に保存されている崖に見られます。この崖は門川町天然記念物に指定され，説明板が設置されていますので，ぜひ見てください。

エリア 2-10　庵川東(図 2-19)　門川町(1/2.5 万地形図　日向)

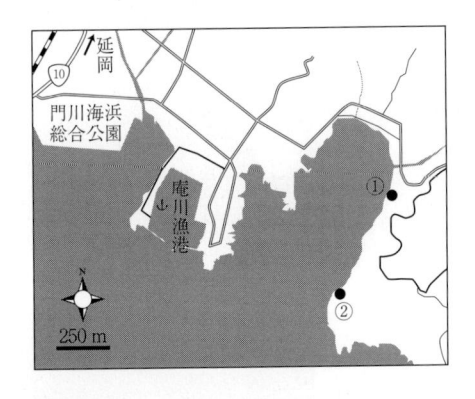

図 2-19　庵川東

① 堤防付近

庵川東海岸の堤防の切れたところから海岸におりると，大小さまざまな円礫が雑然と入っていて，礫種は砂岩が多く，チャート，頁岩，場所によっては礫岩も見られます。南端付近では，白色の 10～15 cm 程度の礫が混在している岩石が見られます。

これらは尾鈴山酸性岩類の火山角礫岩(図 2-20)で，尾鈴山酸性岩類の火砕流がすでにあった礫岩を取り込んでできた岩石ではないかと考えていますが，門川層群とこれを覆う庵川礫岩層，溶結凝灰岩でできたカ

図 2-20　尾鈴山酸性岩類の火山角礫岩

ルデラ壁が崩壊して混在した「岩屑なだれ堆積物」とする見方もあります。南に進むと，海岸に黒色の頁岩が見られます。門川層群と命名された地層で，頁岩層以外に砂岩頁岩互層も見られます。頁岩層の中には砂岩の丸いブロックを含んでいるところもあります。陸側の岩壁には，やや黄色を帯びた白色の尾鈴山酸性岩類の溶結凝灰岩が見られます。

② 堤防から 600 m 付近

さらに南に進むと，門川層群の上に白色の丸い石英安山岩質の岩石や砂岩・

頁岩の礫が混在した岩石が見られます（図 2-21）。堤防近くで見たものと同じ尾鈴山酸性岩類の火山角礫岩（または岩屑なだれ堆積物）で，ここでは火砕流堆積物が門川層群の一部を取り込んでいます。陸側の岩壁には尾鈴山酸性岩類の溶結凝灰岩が見られます。火山角礫岩との境は，はっきりしません。海岸の露頭なので，干潮時に観察してください。

図 2-21 火山角礫岩と頁岩の境界

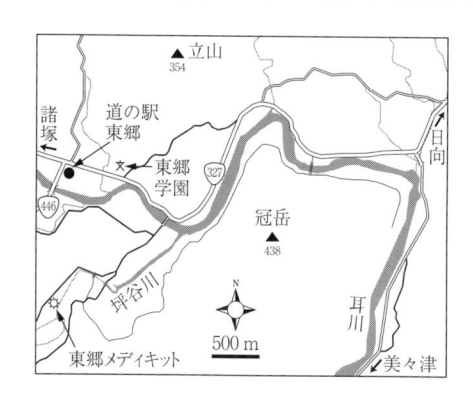

エリア 2-11　冠岳（図 2-22）　日向市東郷（1/2.5 万地形図　山陰）

図 2-22　冠岳

冠岳は標高 438 m と低い山ですが，北側と西側は急な崖をつくり，北西側の山陰地区から見ると冠の形をしていることからこのように呼ばれ，地元の人に親しまれている山です（図 2-23）。山陰という地名はこの山の陰になる地区という意味のようです。北斜面の中腹には尾鈴山酸性岩類の柱状節理が見られます。冠岳は

図 2-23　東から見た冠岳

尾鈴山酸性岩類の溶結凝灰岩からなり，約1500万年前の火山活動で生じた岩石です。

尾鈴山酸性岩類は浸食に強いため急な斜面の山をつくり，坪谷川の南側に分布しています。これに対して，坪谷川の北側にはおもに頁岩からなる日向層群が分布し，浸食されやすく低地をつくっています。このため，急峻な尾鈴山酸性岩類の山がひときわ高く感じられます。

エリア2-12 日向岬（ひゅうがみさき）（図2-24）　日向市（1/2.5万地形図　日向）

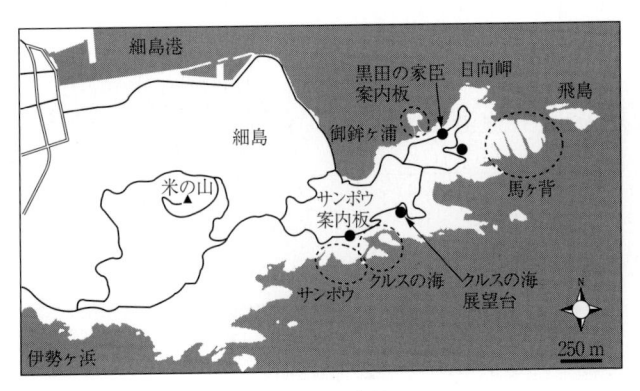

図2-24　日向岬

日向岬は日向市東方の細島（ほそしま）から海に突き出した半島です。日向岬周辺には流紋岩質〜デイサイト質の溶結凝灰岩が分布しています。これは，新第三紀中新世（約1500万年前）に現在の細島沖にあった火山活動の際，大量の火山灰や岩片などの火山噴出物が高温の火砕流となって堆積し，それらが堆積直後の高温で柔らかいうちに堆積物自体の重みによって密着して固まったものです。この火山活動で作られた岩石（溶結凝灰岩・花こう斑岩など）をまとめて尾鈴山酸性岩類と呼んでいます。

火砕流堆積物は冷えるときに収縮するため，多角柱状の割れ目（柱状節理）を生じます。日向岬一帯では，柱状節理をもつ岩体が波に浸食されて美しい海岸地形をつくっています。この地域の海岸は日豊海岸国定公園に属しており，岩石の採集はできませんので注意してください。

① 御鉾ヶ浦北の海岸

細島験潮場と御鉾ヶ浦の中間あたりの道路沿いに，高さ数mほどの柱状節理の露頭があります（**図 2-25**）。多角柱の節理の様子がよくわかります。

② 黒田の家臣

御鉾ヶ浦から海沿いを東に行くと，「黒田の家臣」という案内板があり，海岸におりることができます。海岸にある小島は幕末の黒田藩志士の墓がある史跡で，小島をつくっている岩石が溶結凝灰岩です（**図 2-26**）。砂と礫が堆積して小島と砂浜とは陸続きになっており，小さな陸繋島をつくっています。

図 2-25 御鉾ヶ浦の柱状節理   **図 2-26** 黒田の家臣

③ 馬ヶ背

日向岬の東端に位置する観光スポットです。溶結凝灰岩の柱状節理が波によって浸食され，見事な景観をつくっています。駐車場から遊歩道を歩いていくと，高さ70 m，奥行き200 mの柱状節理の断崖があります（**図 2-27**）。海に突き出た岬の先端まで行くと，この岬が「馬ヶ背」の文字どおり，馬の背中のような形状であることが実感できるでしょう。ここでは，溶結凝灰岩の中の白いレンズ部分が一定の方向を向いて並んでいます。多くの地点でこのようなレンズの構造を観察し，当時の火口の位置は細島の沖にあったと推定されています。

④ クルスの海

馬ヶ背から南へ進む道路沿いに「クルスの海」という案内板があり，展望台が設けられています。ここから海岸を見下ろすと，岩礁に十字形の裂け目が入ったような地形が見えます（**図 2-28**）。これは，馬ヶ背と同様に溶結凝灰岩

図 2-27 馬ヶ背付近の柱状節理 　　図 2-28 クルスの海

が波に浸食されてできたものです。溶結凝灰岩自体は固くしまった岩石ですが，ここでは直交する二方向の節理面に沿って浸食が進んだ結果，このような地形になったと考えられます。

⑤ **サンポウ**

クルスの海展望台から南に進む道路沿いに案内板と駐車スペースがあり，そこから遊歩道を歩いていくと海岸に出ることができます。海岸は節理の発達した溶結凝灰岩の岩場が入り組んだ地形をつくっており，たいへん迫力があります（**図 2-29**）。ここでは，大きな柱状節理の中に，数 cm 幅の板状の割れ目が生じているところも見られます（**図 2-30**）。

図 2-29 サンポウの柱状節理 　　図 2-30 柱状節理を拡大した内部の板状節理

エリア 2-13　秋留(あきどめ)(図 2-31)　日向市(1/2.5 万地形図　山陰)

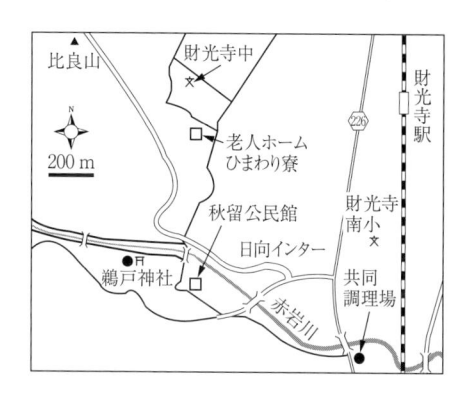

図 2-31　秋留の鵜戸神社

日向市財光寺の秋留を流れる赤岩川の河畔に，小さな社殿(鵜戸(うど)神社)が祀(まつ)られています。神社脇の地層は円礫だけの礫岩層に見えますが，円礫と白色の小さい角礫が混ざってできています。円礫の大きさは直径 5 〜 10 cm と 30 〜 40 cm 程度とさまざまな大きさのものが混在し，硬い砂岩でできています。また，白色の角礫は日向沖にあった火山の活動でできた火山噴出物です。このことから，この露頭は尾鈴山酸性岩類の火山角礫岩の仲間だと考えられます。

この神社脇に縦横 5 m を超える二つの洞穴があります。これは海の波の力でつくられた海食洞です(図 2-32)。赤岩川の河口から約 2 km 内陸の秋留まで，かつて海岸線が進入していたことを示すものです。約 7 000 年前の縄文時代に地球規模で温暖な気候となり，海面が約 5 m 上昇した縄文海進(じょうもんかいしん)が起こりました。ここの礫岩層は風化が進み比較的軟らかく，割れ目があったことから波に削られ洞穴になったと考えられます。

図 2-32　秋留の海食洞

エリア 3

都農町，川南町，木城町，高鍋町
新富町，西都市，西米良村

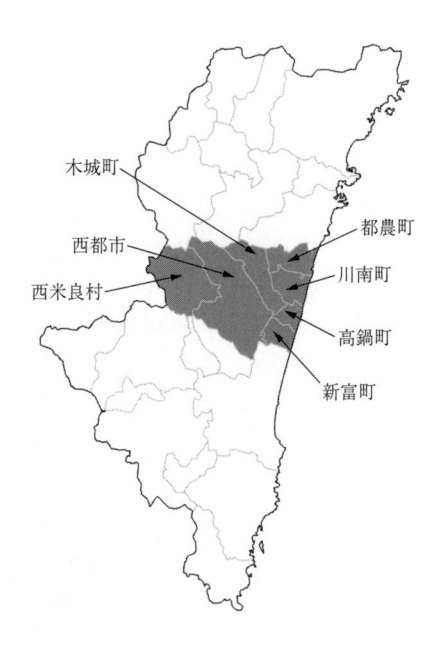

みどころ

・段丘地形が広く発達する。

・尾鈴山酸性岩類の柱状節理が発達する。

・海岸部は宮崎層群，山間部は四万十累層群が広がる。

エリア 3-1　都農牧神社（図 3-1）　都農町（1/2.5 万地形図　都農）

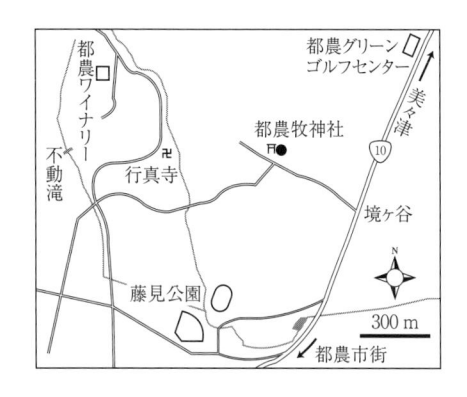

図 3-1　都農牧神社

　国道 10 号線から都農ワイナリー方向に入ってすぐのところに都農牧神社があり，奥に小さな祠のある小高い丘があります（図 3-2）。この丘は約 1500 万年前に細島沖にあった火山から噴出した尾鈴山酸性岩類の溶結凝灰岩によってできており，内陸の尾鈴瀑布群周辺まで続いています。この溶結凝灰岩は高温で堆積し，冷却するとき柱状や板状の節理をつくりました。長い年月の間に柱状節理の上部が折れて，祠に向かって登る斜面が階段状になっています。

図 3-2　丘の上の柱状節理

エリア 3-2　名貫川河口（図 3-3）　都農町（1/2.5 万地形図　川南）

　名貫川に架かる鉄橋から約 400 m 上流左岸に，宮崎層群の砂岩層が見られます。ここの砂岩層には，こぶし大の丸い塊が散在しています（図 3-4）。この塊は周囲より硬いコンクリーションです。ノジュール（団塊）とも呼ばれています。中心に核のような構造を持つものが多く，炭酸カルシウムによって，砂岩がより強く固結したためにできています。この塊をハンマーで割ると二枚貝の化石が入っていることもありますが，半数程度は化石を含んでいません。

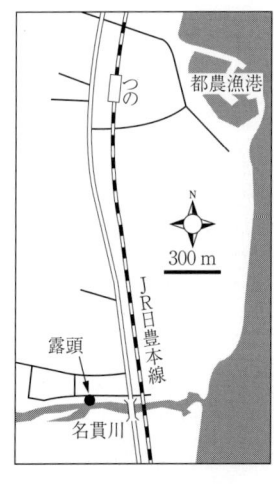

図 3-3　名貫川河口付近　　図 3-4　名貫川のコンクリーション

また，この砂岩層には，貝化石などが多く産出します。また，植物の破片の化石も含まれているため，陸地に近い環境で堆積したと考えられています。

エリア 3-3　通浜(とおりはま)（図 3-5）　川南町(かわみなみちょう)（1/2.5 万地形図　川南）

川南駅から南に 1.5 km ほど行くと西への道があります。その道を通り，土取場に入ると崖が見られます（**図 3-6**）。

崖のほとんどは茶色の粒のそろった砂礫層で，その上には礫層と砂層が交互に成層しています。付近の露頭の一部を剥ぎ取ったものが，宮崎県総合博物館の 1 階常設展示場にありますので，博物館で観察してください。成層した砂礫層の上位には灰色の泥層が見られ，この泥層には植物破片の化石が含まれています。この崖をつくる地層は諸県層群（通山浜層）と呼ばれているものです。

この崖の通山浜層の灰色泥層の上には礫層がのっています。下部の礫層と違って礫の大きさがふぞろいで，数〜数十 cm くらいのものが見られます。この礫層は，崖の上に広がる台地を形づくっている段丘の礫層で，中位段丘の新田原(にゅうたばる)段丘に相当しています。

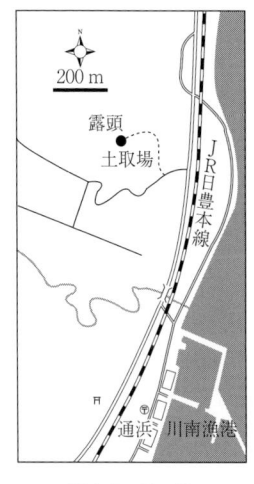

図3-5 通浜　　図3-6 通山浜層と段丘礫層

エリア3-4　石河内（図3-7）　木城町（1/2.5万地形図　石河内）

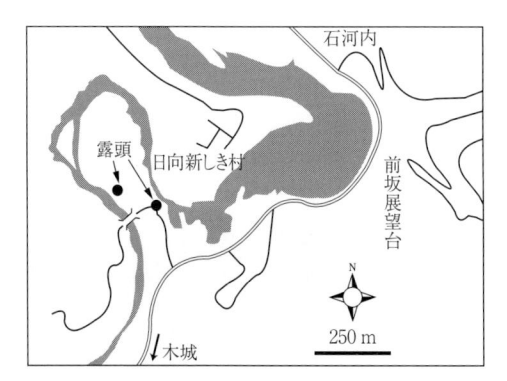

図3-7　石河内

　石河内地区入り口にある浜口ダムの下流では，小丸川が蛇行して半島状の地形ができています。ここを通る道を約300 m進むと，小丸川に架けられた橋の手前から河床にかけて露頭を観察できます。道路沿いに露出している地層を観察すると頁岩優勢の砂岩頁岩互層です。頁岩層はせん断を受けて細かく割れています。

52　Ⅱ．地区別フィールドガイド

橋の左手から注意して河床におります。橋の下から上流に向かって連続した露頭を観察することができます。頁岩層が砂岩のブロックを含む，特異な地層が見られます（**図 3-8**）。砂岩ブロックは，数 cm〜1 m を越えるものまでさまざまな大きさのものがあり，丸みを帯びたものから厚い砂岩がちぎれたようなも

図 3-8　砂岩ブロックを含む頁岩

のも見られます。これは乱雑層と呼ばれています。堆積した後にいろいろな力を受けて変形したと考えられ，その成因には多くの説があります。ここの地層は，四万十累層群日向層群に相当します。

エリア 3-5　白木八重（しらきばえ）（図 3-9）　木城町（1/2.5 万地形図　石河内）

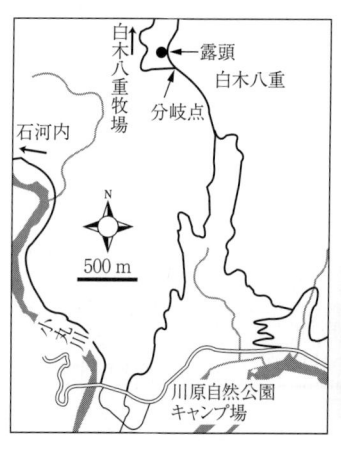

図 3-9　白木八重

図 3-10　いくつもの不整合関係が見える露頭

木城町川原から北の白木八重牧場に向かって約 2.5 km 進むと分岐点があります。分岐点を右に約 200 m 進むと，左手に大きな崖が現れます（**図 3-10**）。

この場所では、地層同士の不整合関係をいくつも観察することができます。この露頭の最下部には、四万十帯の日向層群の地層が観察できます。これらは頁岩と砂岩の地層で、熱変成を受けて硬くなっています。その上位には古い地層を不整合に覆って幾重にも重なっている、しま状の地層を見ることができます。この地層は水中で堆積した白色の火山灰の層です。

この火山灰層の下部は淡いピンク色で黒雲母を含むことから、小林笠森テフラ(Kb-Ks：約53万年前)の水中堆積物と考えられます。上部にはさらに厚く水中に再堆積した火山灰層中に、炭化した木材化石を含む様子も観察できます。

右手の崖の高いところには、厚さ50cmほどの層理面がはっきりした火砕流堆積物が観察でき、黒曜石の砕片を含むことから加久藤火砕流堆積物(Kkt：約34万年前)に関連する火山灰の再堆積したものではないかと考えられます。

これらの火山灰の水中堆積物の上位には、茶臼原段丘の礫層(約24万年前)が厚く堆積しています。この礫は赤茶色で風化が著しく「くされ礫」などと呼ばれることもあります。

エリア 3-6　長草(図 3-11)　木城町(1/2.5万地形図　石河内)

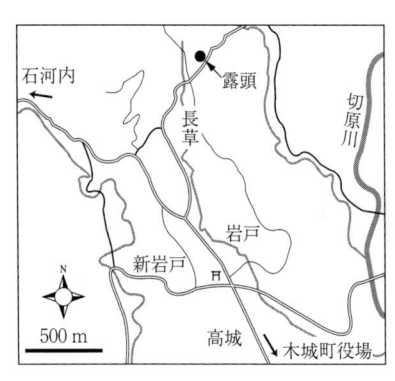

図 3-11　長　草

図 3-12　宮崎層群(上)と尾鈴山溶結凝灰岩(下)

木城町役場から北に位置する高城を通って、長草地区を通り、約750m東に行くと左手に大きな崖が現れます。ここは尾鈴山溶結凝灰岩の上位に不整合

関係で覆う宮崎層群の基底礫岩を観察できるポイントで，標高150mの地点です。東の方角を見ると，高鍋の町並みが両側の段丘に囲まれて見えます。海水準が高かった頃，海が陸に入り込んだ様子を想像できます。

　水田の中の道から西側にある崖に進み，崖沿いに左手に進むと節理の発達した尾鈴山溶結凝灰岩が観察できます。尾鈴山溶結凝灰岩の石を割るときらきらと輝き，ガラス質に光る青黒色を呈しています。転石を観察するとしま状になっている様子を観察できます。尾鈴山溶結凝灰岩中には数本の垂直の断層があります。さらに進むとこれを覆う大きさのそろった礫岩層を観察できます（**図3-12**）。これが宮崎層群の基底礫岩です。地層の関係は不整合です。礫岩は中粒の砂（基質と呼びます）の中に円磨された数cm大の礫が入っています。礫の種類は下部層の四万十層群から供給されたチャートや砂岩や泥岩が多く見られます。

エリア3-7　南九大旧高鍋(たかなべ)キャンパス（図3-13）
　高鍋町（1/2.5万地形図　高鍋）

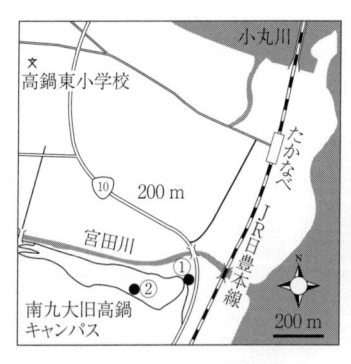

図3-13　南九大旧高鍋　　**図3-14**　宮崎層群の暗灰色の塊状砂質泥岩

　南九州大学旧高鍋キャンパスの立地する台地は，標高50m前後の段丘を形成しています。

　①大学の正門へ通じる坂道の登り口には，段丘基盤の宮崎層群の崖が見られます（**図3-14**）。ここの宮崎層群は暗灰色の塊状(かいじょう)砂質泥岩で，よく見ると一部

に白色の貝殻片を含んでいます。この崖の上方には 20～30 cm の礫で構成される諸県層群(通山浜層)の礫層も見えます。この上位にはいろいろな段丘堆積物があるのですが,大半はコンクリートに覆われて見ることができません。段丘堆積物はさらに各種のテフラに覆われ,その様子は台地上で見ることができます。

②台地の上に登る体育館手前の道脇の低い崖を見ると,この中に褐～黄橙色の層が2～3層見えます。崖の面から少し飛び出した一番下の層は層厚 30 cm 前後で,ネジリガマでひっかくとかなり硬い感じを受けます。この層は1 cm 以下の赤褐色スコリアや黄白色軽石などで構成されており,霧島イワオコシ(Kr-Iw:約4万年前)と呼ばれています。この層の1 m ほど上には,10 cm 厚の淡黄色の層が断続的に見られ,これは始良 Tn 火山灰(AT:約 2.8 万年前)です。さらにこれらの層を覆う暗褐色土があり,この中には 10 cm 厚の黄橙色の鬼界アカホヤ火山灰(K-Ah:約 7 300 年前)も見られます。

エリア 3-8　岩脇(いわなぎ)(図 3-15)　新富町(しんとみちょう)(1/2.5 万地形図　日向日置(ひおき))

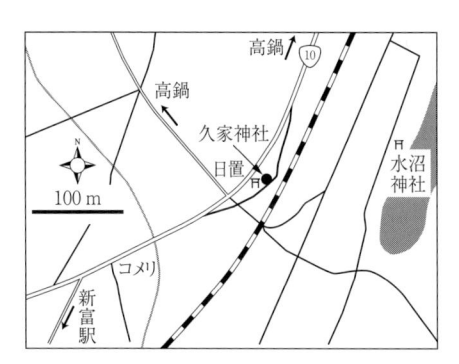

図 3-15　岩　脇

国道 10 号線岩脇バス停近くの久家(くげ)神社境内には,両殻の閉じた二枚貝の密集化石が見られます(図 3-16)。このことは,二枚貝がこの場所で生活していたことを示しています。化石のほとんどがツキガイモドキという貝です。この貝は,海底のメタン湧水を利用するバクテリアと共生して,それらのつくるエネルギーによって生活していた(化学合成群集)と考えられています。化学合成群集としては,深海の熱水噴出孔付近のチューブワームなどが有名です。岩脇

の場合は水深50～150 mの浅い海底に生息していた点が異なるうえに，温室効果ガスであるメタンが関係しているため，地球環境変動を研究するうえで重要な化石群とされています。この地層は約250万年前の宮崎層群の地層です。

図3-16 久家神社の化石層

なお，化石は久家神社の御神体なので観察だけにとどめ，絶対に採集しないでください。

エリア3-9　溜水（たまりみず）（図3-17）　新富町（1/2.5万地形図　妻（つま））

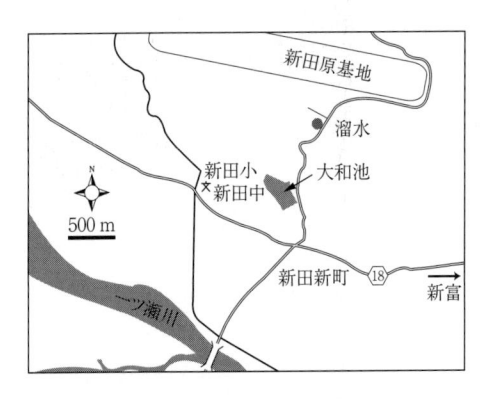

図3-17　溜水

　新田原（にゅうたばる）基地のある台地は新田原面の段丘です。周辺は平坦な畑が広がっています。基地西側の畑の道沿いには，表土の下に黒土のほか，数枚のオレンジ色や黄褐色のテフラ（火山噴出物）を観察できます。上位から鬼界アカホヤ（K-Ah：約7300年前），姶良Tn（AT：約2.8万年前），霧島アワオコシ・霧島イワオコシ（Kr-Aw・Kr-Iw）などです。

　この段丘一帯の地表を覆っているテフラで，最も下位に出現するのが阿蘇4火砕流堆積物（Aso-4：約9万年前）です。このテフラは，県北では大規模に堆積して溶結凝灰岩となっているのですが，新田原の段丘では火砕流の末端部であり，風化が進んで明るいレンガ色のローム層となっています。このローム層

は溜水集落の道路沿いの露頭で観察できます。

ここでは、珍しいものを見ることができます。ローム層中に内部が黒く、外側の白っぽい直径2cm程度の小さな球形の物体（まんじゅう石）が見つかります（図3-18）。これは火砕流堆積物の風化生成物で鉄やマンガンが核となり、外側にアルミニウムに富む粘

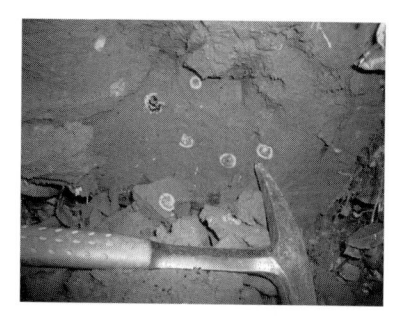

図3-18 阿蘇4火砕流堆積物中の球形（まんじゅう石）

土鉱物が濃集してできているようです。なぜこのようなものができたか、いくつかの説があります。この石は、西都市岩爪の阿蘇4火砕流堆積物（Aso-4：約9万年前）中にも見ることができ、地元では「鬼の目石」と呼ばれています。

エリア3-10　新田（図3-19）　新富町（1/2.5万地形図　佐土原）

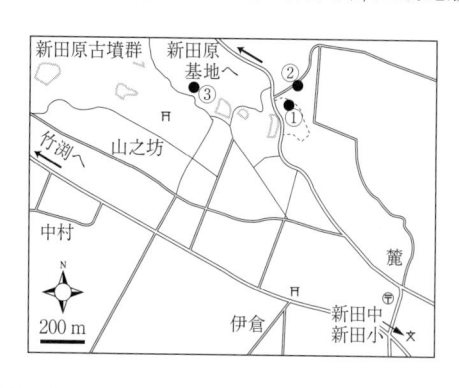

図3-19 新田

①新田小中学校から新田原の自衛隊飛行場に登る道沿いにある「ひむか合材センター」の崖には、赤褐色の砂の層の上に灰色のシルトの層が見られます（図3-20）。この上には礫層があり、その上にローム層があります。この露頭はひむか合材センターの許可を得て、観察してください。

この露頭の西側の本部葬祭場の倉庫の奥の崖には、赤褐色砂層と灰色泥層があり、ここでは直接地層を観察できます。下部はおよそ2.5mの赤褐色の砂層

図3-20 三財原層の砂岩とシルト層

で，その上に3mほどのシルトの層が観察できます。赤褐色の砂層は上のシルトが流れて覆ってしまい見えなくなっていますが，上のシルトを削ると赤褐色の砂層が現れます。上部のシルトの層には，砂を挟んでいるところもあります。この地層は三財原層（さんざいばる）の中〜下部層（通山浜層（とおりやまはま））と呼ばれている地層です。三財原層の中〜下部層は，基盤の宮崎層群が浸食されてできた谷に堆積した河成層や海成層です。

②この露頭では①を覆う礫層が観察できます。礫は砂岩がほとんどで，大きさは最大30cmのものもあります。この礫層は新田原層と呼ばれ，新田原段丘をつくっています。

③山之坊（やまんぼう）の露頭には，少し傾斜した宮崎層群の砂岩シルト岩互層のしま模様が見られます。砂岩とシルト岩は20cmの厚さで繰り返しています。

エリア3-11　一丁田（いっちょうだ）（図3-21）　新富町（1/2.5万地形図　妻）

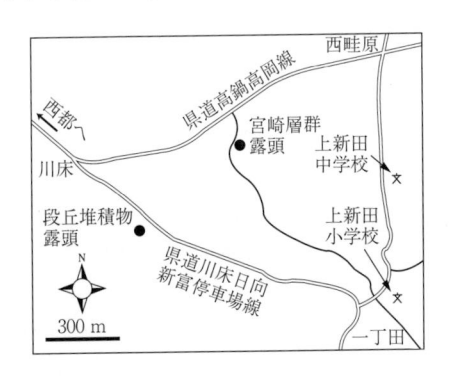

図3-21　一丁田

ここでは台地をつくる基盤の宮崎層群と段丘堆積物を2か所に分けて見てみましょう。

① 宮崎層群

上新田（かみにゅうた）小学校前から町道を西に約1km進んだ道脇に高さ5mほどの崖が

あり，宮崎層群の泥岩層が見られます(**図 3-22**)。泥岩は暗青灰色の塊状の岩体で，風化によって崖表面に細かいしま状の溝がレリーフのように見えます。泥岩は水を通しにくいので，上部からの湧水で全体が濡れています。

② 段丘堆積物

小学校前から県道を西に川床方面へ約 1 km 進むと，道の南側に丘を削り取った崖が見えます。ここでは，一丁田一帯の台地をつくる三財原段丘堆積物とローム層が見られます(**図 3-23**)。崖の下半分は厚さ数 m の砂礫層です。砂礫層には大小の礫が含まれており，礫の直径は 1 〜 3 cm くらいが普通で，大きくても 10 cm くらいです。礫の種類は，砂岩，頁岩のほか，尾鈴山酸性岩類やホルンフェルスがあるため，礫は小丸川の前身にあたる川が運んできたことがわかります。崖の上半分には霧島イワオコシ，姶良 Tn，鬼界アカホヤなどのテフラが見られます。

図 3-22　宮崎層群　　　　図 3-23　段丘堆積物

エリア 3-12　都於郡城跡(**図 3-24**)　西都市(1/2.5 万地形図　佐土原)

都於郡城跡は段丘面(三財原面)上にあります。城跡は草木で覆われていますが，崖の一部には段丘を構成する地層が見られます。

本丸から三の丸に向かう道路沿いに，霧島イワオコシ(Kr-Iw：約 5 万年前)が見られます。城跡は数 m 以上の厚いローム層で覆われ，黒色土の下に黄白色の姶良 Tn 火山灰(AT：約 2.8 万年前)や濃褐色のロームなどが見られます。ローム層の下は砂礫層で，三の丸付近では，礫混じりの細粒の砂層〜砂礫層(三財原段丘堆積物)が見られます(**図 3-25**)。礫は直径 1 〜 2 cm の小さなものが多く，砂岩や尾鈴山酸性岩類などの礫です。砂礫層の下は泥層を主とする通

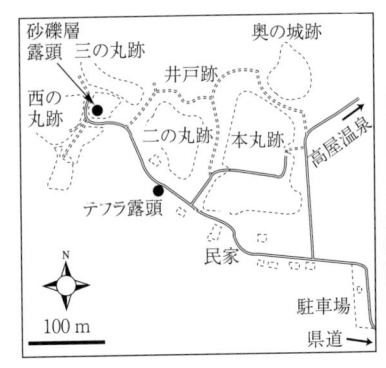

図 3-24　都於郡城跡　　図 3-25　三の丸付近の砂礫露頭部

山浜層(三財原中下部層)で，台地に降った雨は砂礫層を通過した後，この部分を浸透できずに台地の斜面から湧き出すことがあります。都於郡城の井戸は，このような水を集めて作られており，井戸の周辺には酸化鉄で茶色になった通山浜層の円礫や砂質粘土が見られます。

エリア 3-13　長谷観音(はせかんのん)(図 3-26)　西都市(1/2.5 万地形図　三納(みのう))

図 3-26　長谷観音　　図 3-27　四万十累層群と宮崎層群の不整合

西都市三納から長谷観音に向かう道路沿いの崖に，四万十累層群と宮崎層群の不整合面を見ることができます(図 3-27)。不整合面の下位は四万十累層群

(日向層群)の黒色頁岩、上位は宮崎層群基底部の粗粒砂岩〜礫岩です。不整合面は不規則な凹凸があり、宮崎層群が堆積するときの海底の地形を表しています。宮崎層群の基底部付近には、500 m にわたって白色の造礁サンゴの化石の破片を観察することができます。この露頭から三納方面へ戻ると、カーブする道路沿いに大きな露頭があり、大きいものでは直径 10 cm 程度のいろいろな種類のサンゴが密集してレンズ状に見られます。このサンゴ化石などから、この地層の堆積当時は宮崎付近が暖かい海であったことがわかります。

エリア 3-14　童子丸（図 3-28）　西都市（1/2.5 万地形図　妻）

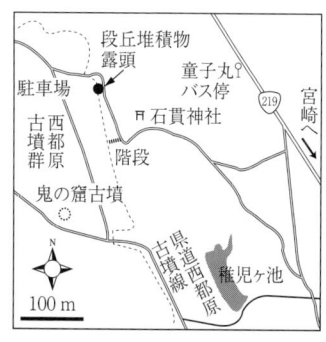

図 3-28　童子丸　　図 3-29　礫層とその下にはさまれる粘土層

　石貫神社前を通って西都原考古博物館方面へ通じる道沿いの崖に、台地を構成する堆積物が見られます。神社入り口から先には、崖から崩れてきた礫を含むローム混じりの土（崖錐堆積物）がしばらく続きます。道の途中には水がわずかにしみ出した場所があります。この水は台地にしみ込んだ雨水が、下位にある水を通しにくい地層（宮崎層群）で止められ、台地の側面からしみ出たものです。昔は石貫神社の手洗い水に使ったらしいのですが、現在はほとんど枯れています。

　さらに登っていくと、20 cm ほどの粗い砂の層をはさむ礫層が見えてきます。礫は 10 cm 前後のものが多いですが、大きいものは 30 〜 40 cm ほどのものもあります。さらに進むと 50 cm ほどの厚さの淡褐色の粘土層がはさまれ、

この上にも礫層が見られます(**図 3-29**)。これらの礫層やはさまれている砂層・粘土層をまとめて「西都原段丘堆積物」と呼んでいます。

エリア 3-15　竹尾(たけお)(図 3-30)　西都市(1/2.5 万地形図　妻)

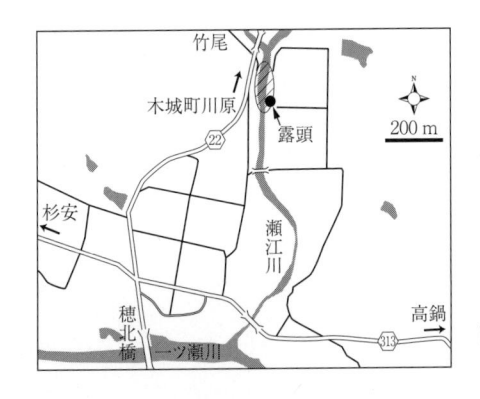

図 3-30　竹　尾

一ツ瀬川に架かる穂北橋を渡って木城町川原方面にしばらく進むと,竹尾地区があります。竹尾川を渡る直前に右手前におりると,瀬江川(せこがわ)に出ます。この付近の河床には宮崎層群川原層の地層が露出し,渇水時には観察に適した好露頭が現れます(**図 3-31**)。川原層は,宮崎平野北部の宮崎層群の最下部に見られる地層で,おもに礫岩〜砂岩からなり,砂岩層にも円礫を含む特徴があります。露頭の地層は,極細粒〜粗粒の砂岩が数〜 50 cm の厚さで板状に積み重なっており,南東に約 10° 傾いています。

図 3-31　瀬江川河床の砂岩層

河床の砂岩はさまざまな表情を見せ,層理に平行した細かいしま状の模様(平行葉理)が発達したもの,四万十累層群起源の円礫〜亜円礫の小礫が層状に並んでいるところや,10 cm 前後の礫が多量に集中する部分などが見られます。また,サンドパイプなどの生痕化石や砂がボール状に固まったもの(コンクリーション)も見られます。甌穴も観察することができます。

エリア 3-16 十六番（図 3-32） 西都市（1/2.5 万地形図 瓢丹淵）

十六番のバス停から大椎葉トンネルに至る一ツ瀬川の河岸には，日向層群に属する砂岩や泥岩のさまざまな組合せが見られます。トンネル付近の対岸上方に民家があり，このすぐ下の崖は比較的厚い砂岩で構成されています。この砂岩層は間に泥岩層や互層をはさみます（図 3-33）。これより上流では砂岩層がさらに厚さを増します。一方，下流の十六番バス停付近では泥岩の量が増します。5 cm 前後の厚さの砂岩と泥岩が交互する泥岩優勢の細互層となり，ところどころでうねった状態になっています。

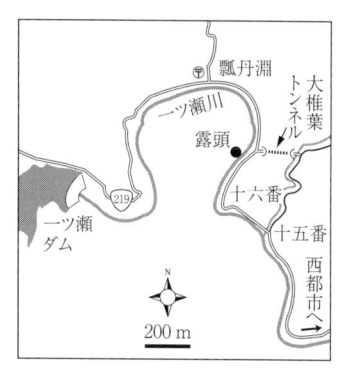

図 3-32 十六番

この地域でのもう一つの見所は河成段丘です。河成段丘は，ある時期に川の浸食作用が活発になったため，当時の河床が急激に深く削り取られ，削り残された平坦面のことです。ここでは，二つの異なる性質の河成段丘が観察できます。一つ目は道路よりも高い位置の民家周辺の平坦面です。この平坦面には礫が堆積しています。二つ目は，道路より少し下の細長いテラス状の岩盤の平坦面です（図 3-34）。ここでは堆積物がほとんど見られません。このような河成段丘を特に岩石段丘と呼んでいます。現在の川はこのテラスをさらに削り込んで流れています。

図 3-33 砂岩泥岩互層

図 3-34 岩石段丘（河成段丘）

エリア 3-17　西米良中学校前(図 3-35)　西米良村(1/2.5 万地形図　村所)

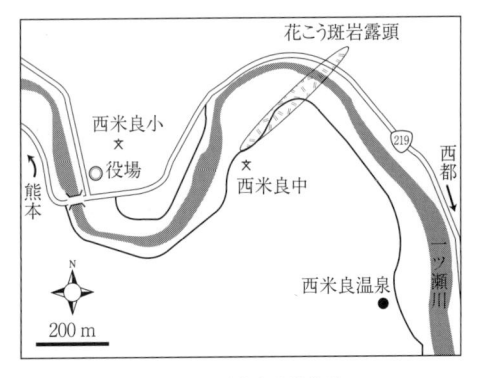

図 3-35　西米良中学校前

　西米良中学校前から西米良温泉に向かう道路を北東に 250 m ほど行くと，カーブする道路の両側に白い斑点のある岩体が見られます。この岩体は一ツ瀬川を隔てた対岸の岩峰に連続しており，川の中にも白く見えています。この岩は花こう斑岩という火成岩です。

　斑岩とは周囲の鉱物より石英や長石が大きく成長したものを指します。ここの花こう斑岩は長石が 3 〜 4 cm 角の結晶にまで成長していることが特徴です(図 3-36)。また，斑岩は，数十 m 程度の幅で北東から南西に向かって帯状に分布する岩脈をつくっています。この花こう斑岩は含まれる鉱物などから，新第三紀中新世(約 1 500 万年前)の火山活動に伴って形成されたと考えられています。この花こう斑岩は小規模であまり連続しない岩脈になっています。天包山も同じ岩石です。これらの岩脈は位置的に市房山に近いのですが，成分分析の結果などから尾鈴山火山-深成複合岩体と関連がある火成岩と考えられています。

図 3-36　大きな長石の斑晶

エリア 4

── 宮崎市,国富町,綾町 ──

みどころ
・段丘地形が発達し,火山灰層が広く分布している。
・宮崎層群が海岸から平野部を形成する。
・平野部まで広がる姶良の火砕流堆積物(シラス)が見られる。

エリア 4-1　仲間原(ちゅうげんばる)(図 4-1)　宮崎市佐土原町(さどわらちょう)(1/2.5万地形図　佐土原)

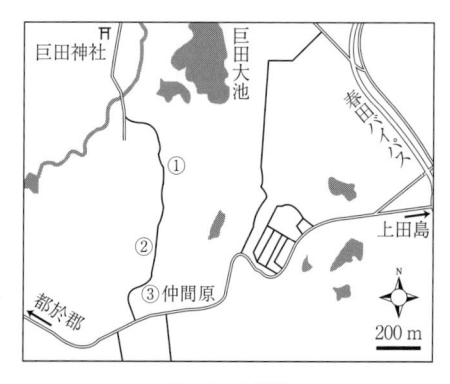

図 4-1　仲間原

鴨の投げ網漁で有名な巨田(こた)神社を出発点として，仲間原に至る林道沿いに数か所の露頭が点在します。台地の斜面を登って行くことで，仲間原の台地を構成する地層を下から順に追って観察することができます。

地点①では宮崎層群の細粒の砂岩層が見られます。砂岩層には細かいしま模様が目立っており，堆積時に生息した生物の巣穴痕(縦向きのパイプ構造)が見られます。

地点②では，三財原(さんざいばる)層の円礫層が砂層を覆う露頭を観察できます(**図 4-2**)。

図 4-2　三財原層の礫層と砂層

礫層と砂層の境界の上あたりでは約10 cmの砂岩の円礫が多く，しだいに礫径が小さくなっています。

段丘を登り切る直前の地点③の竹藪には，淡いピンク色のテフラの層があります。この層にはルーペで数 mm の黒い長柱状の角閃石を確認することができ，阿蘇4火砕流堆積物(Aso-4：約9万年前)であることがわかります。

仲間原台地の基盤をつくっている宮崎層群の砂岩泥岩互層は，このルートでは観察できませんが，台地の東の団地付近や巨田神社から南へ伸びる道路沿いで観察できます。また，仲間原台地上の黒土の中には，阿蘇4火砕流の堆積以後のテフラがオレンジ色の地層をつくっています。

エリア4-2　西野久尾（図4-3）　宮崎市佐土原町（1/2.5万地形図　佐土原）

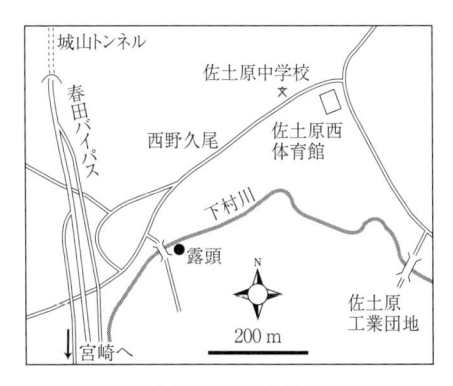

図4-3　西野久尾

佐土原中学校前から春田バイパスに向かうと，南に下村川があります。二本松橋付近の川岸は吹き付けがなく，宮崎層群の砂岩泥岩互層が白黒のしま模様で見られます（図4-4）。川岸に下りて，白色の泥岩層と灰色の砂岩層とで粒の大きさを比べてみてください。同じ宮崎層群の青島の鬼の洗濯岩では，砂岩が白く，泥岩が灰色ですが，ここでは反対に砂岩が灰色で泥岩が白色です。また，砂岩層

図4-4　宮崎層群の砂岩泥岩互層

と泥岩層の表面の浸食の度合いを見ると，青島では砂岩層が出っ張り，泥岩層がへこんでいますが，ここでは反対に砂岩層が少しへこみ，泥岩層が少し出っ張っています。

エリア 4-3　久峰公園(ひさみね)(図 4-5)　宮崎市佐土原町(1/2.5万地形図　佐土原)

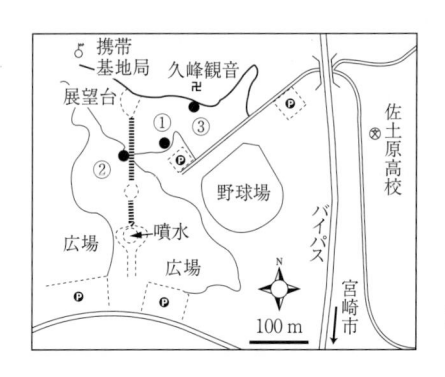

図 4-5　久峰公園

久峰公園では，野球場の駐車場周辺で宮崎層群の露頭が見られます。

地点①は野球場の北側駐車場から，階段を経て展望台に至る道沿いの崖です。ここでは泥岩の中に礫が点在する含礫泥岩が見られます。礫は四万十累層群からもたらされた硬い円礫で，礫径は1～5cm程度です。同様の層は久峰観音への登り道沿いや中腹部の道沿いでも見られます。

地点②は展望台への階段の中間部にあたり，駐車場からの道と交差する部分です。階段の西側の崖には，厚さ30cmの含礫砂岩があります(図4-6)。この上部は礫岩で，大小さまざまな円礫や多くの貝殻片の化石のほか，泥岩の塊(かたまり)などが混在しています。下部も同様の礫岩です。これらは当時の海底を削り込んだ谷(海底谷)を急激に埋積した堆積物です。

図 4-6　地点②の砂岩と礫岩

丘の上には展望台のほか，携帯基地局や久峰観音があり，ちょっとした平坦面になっています。この面を構成する地層の露出はよくありませんが，久峰観音の駐車場脇(地点③)では，小さい円礫を交える褐色の細粒砂層が見られます。この海浜を思わせる砂層は，三財原段丘堆積物(約12万年前)と呼ばれています。また，展望台からは南方の青島方面を望むことができ，鵜戸山塊のケスタ地形がよくわかります。

エリア 4-4　萩の台公園(はぎだい)（図 4-7）　宮崎市（1/2.5 万地形図　宮崎北部）

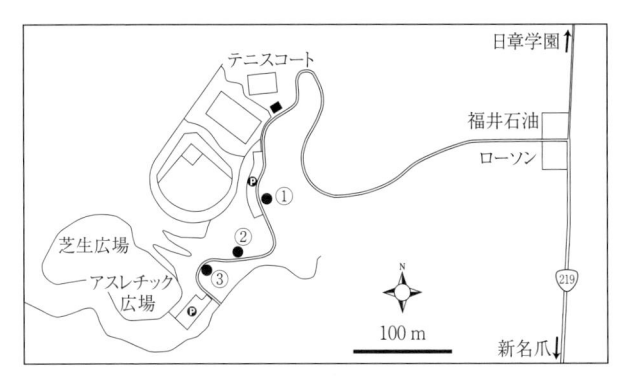

図 4-7　萩の台公園

　宮崎市広原(ひろわら)の萩の台公園内の道路沿いには，宮崎層群と三財原層の中～下部（通山浜層(とおりやまはま)）およびこれらの不整合面が見られます。地点①の露頭は宮崎層群の地層からなっており，そのうち砂岩と泥岩とがつくる互層が見られ，南に行くにつれ泥岩の層が厚くなっていきます。地点②の露頭では，下に宮崎層群の泥岩層があり，その上に三財原層が不整合に覆っています。この不整合面に近い三財原層の厚さ 3 m ほどの部分では，下部ほどそろいの悪い円礫（5～20 cm 径）が多く，上位に行くほど礫のサイズは小さくなり，大きさがよくそろっています。地点③の露頭は，砂やシルトが主体の三財原層の地層からなり，小礫の薄い層をはさんでいます（**図 4-8**）。特に，この崖では，砂やシルトの層の断面には明白な斜交層理が見られ，流れのあった場所で堆積したことがわかります。

図 4-8　地点③の露頭

エリア 4-5　大淀川学習館（図 4-9）　宮崎市（1/2.5 万地形図　宮崎北部）

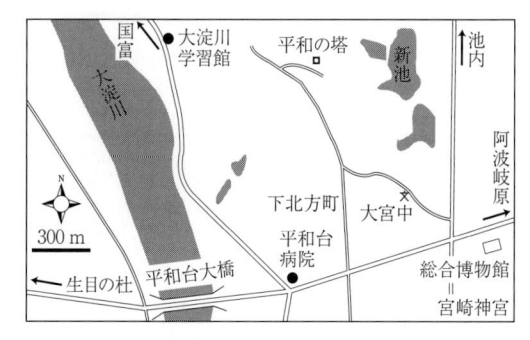

図 4-9　大淀川学習館

　大淀川学習館の駐車場北側にある「里山の楽校」へ登る通路沿いに，地層観察用の露頭が保存されています（**図 4-10**）。ここの駐車場奥の斜面では，宮崎層群の傾斜した砂岩と泥岩に名札がついており，砂岩と泥岩の繰り返す様子が観察できます。丘に登る緩やかなスロープの壁には，宮崎層群の砂岩泥岩互層が見えています。

図 4-10　宮崎層群の砂岩泥岩互層

　駐車場奥の斜面から里山の楽校へ登っていくスロープは通路が 90°曲がるため，地層を 2 方向から観察することができ，地層の傾斜を観察しやすくなっています。ここでは，小規模な断層がいくつも観察できます。20 〜 30 cm の厚さの砂岩の層がずれて，食い違っています。どちらがあがって，どちらがさがっているかを考えると，力の加わった方向を観察することができます。

　この宮崎層群を段丘礫層が不整合で覆って堆積しています。北側の露頭では円礫の層が陸側に向かって厚くなっていく様子から，昔の大淀川の流れがあったことやその後の大地の隆起などを考えることができます。さらに丘の上の遊歩道沿いにも礫層を見ることができます。これは，少し高い位置にあり，一つ古い時代の段丘堆積物であり，平和台の丘を作るものと同じです。

エリア 4-6　宮崎商業高校（図 4-11）　宮崎市（1/2.5 万地形図　宮崎北部）

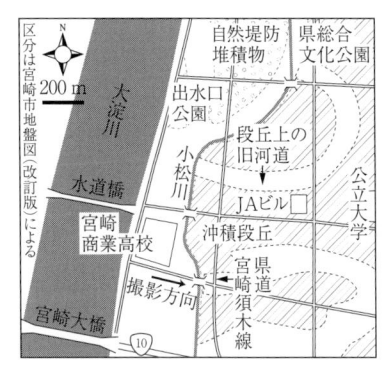

図 4-11　宮崎商業高校　　**図 4-12**　商業高校から東を見た地形

　宮崎商業高校付近では，大淀川から東へ 500 m くらい離れたところを，小松川が並行して流れています。大淀川から東に向かう道は，どれも小松川を過ぎると緩く上り坂になっています（**図 4-12**）。これは市街地の平野ができた後のある時期に，大淀川の浸食力が増して西側（商業高校方面）が削られたのに対し，東の地域（和知川原・霧島町方面）は削られずに少し高い位置に残ったためです。

　現在の小松川は，当時の大淀川によってできた段丘崖の崖下の場所を流れています。つまり，現在の商業高校付近の低地は，宮崎市街地が段丘になった直後の大淀川の流路跡ということになります。

エリア 4-7　生目中学校（図 4-13）　宮崎市（1/2.5 万地形図　宮崎北部）

　生目中学校にある青雲台という小高い丘には，下位から宮崎層群の砂岩，小礫の層，白い軽石層，入戸火砕流の溶結凝灰岩の順に堆積しているのが見られます。

　グラウンド脇の階段の登り口両側に，亀甲状の節理のある宮崎層群の砂岩が見られます。この層のすぐ上には円礫が堆積しており，当時の河床礫と考えられます。礫層の上には直径数 mm の白っぽい軽石がわずかに確認できます。これは，姶良カルデラの約 2.8 万年前の噴火の際に降ってきた軽石です。これ

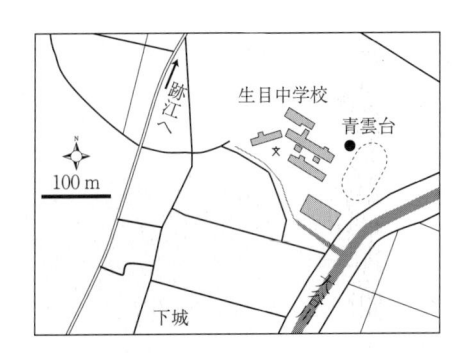

図 4-13 生目中学校

に続いて入戸火砕流堆積物が厚く覆い，溶結して硬い岩石（溶結凝灰岩：灰石）になりました（**図 4-14**）。噴火前にはこの一帯は谷などの低い場所であったと考えられますが，現在では浸食を免れ周囲よりも高い丘になっています。生目中学校の露頭は，現在残っているものの中で最も宮崎市の中心部に近い入戸火砕流堆積物の溶結凝灰岩の露頭です。

図 4-14 入戸火砕流の溶結凝灰岩

エリア4-8　生目の杜遊古館（図4-15）　宮崎市（1/2.5万地形図　宮崎北部）

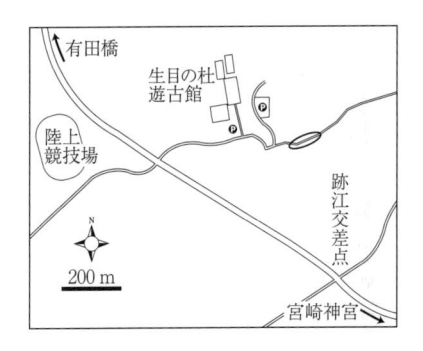

図 4-15 生目の杜遊古館

生目の杜運動公園近くの宮崎市跡江（あとえ）に生目古墳群があります。古墳群のある丘の麓に「生目の杜遊古館」が建っています。この正門から東に行くと古墳群のある丘を切り通しにした道路があります（図4-16）。ここは，宮崎市で「シラス」を観察できる数少ない露頭です。丘の下から観察を進めていくと，最も低い位置に見えるのは宮崎層群で，厚さ40 cmの砂岩と20 cmの泥岩の互層が北に傾斜しています。この場所の宮崎層群は約600〜500万年前の地層です。これを礫層が不整合で覆っています。この礫層は直径10〜20 cmの丸い礫からなり，その並び方から当時の河川で堆積したものと考えられます。

図4-16　礫層とシラス層

さらに，この露頭では礫層が斜めに削られ，その上に砂や泥の地層が堆積しています。この砂や泥の層には水の流れでつくられたしま模様が見られ，水中で堆積したことを示しています。

これらを覆って，シラスと呼ばれる入戸火砕流堆積物（Ito：約2.8万年前）の非溶結部（固まって溶結凝灰岩になっていない部分）が，切り通しの最も高い場所まで見られます。シラスにはガリーと呼ばれる雨による小規模な浸食地形が見られます。前述した礫層やしま模様の砂や泥の層はシラスに覆われているため，シラスより古い時代に堆積したことがわかります。

エリア4-9　青島（あおしま）（図4-17）　宮崎市（1/2.5万地形図　日向青島）

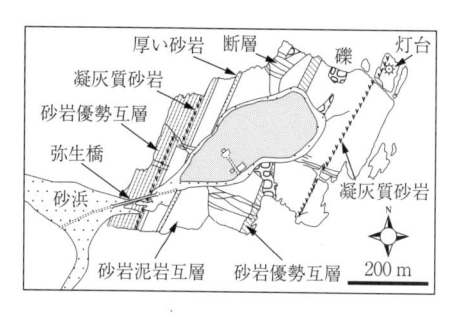

図4-17　青　島

① 弥生橋から

青島でまず目につくのが鬼の洗濯岩です(**図4-18**)。この地層は宮崎層群青島層の砂岩泥岩互層で，砂岩と泥岩が30～40cmのほぼ同じ厚さで堆積し，海側(東)に14～20°傾いています。これらは，あたかも大きな鬼が使う洗濯板のように見えることから「鬼の洗濯岩」と呼ばれています。この岩のでき方はつぎのように考えられています。

図4-18 鬼の洗濯岩

(ⅰ) 薄い砂岩と泥岩のリズミカルな互層が東へ傾きながら隆起し，浅い海底で削られて平坦化し海食棚ができる。

(ⅱ) 平坦な海食棚がわずかに隆起し，干潮時には海面上に出るようになる。このとき，海食棚の中央に貝殻砂が集められ青島が形成された。

(ⅲ) 泥岩が砂岩よりも軟らかいので，泥岩の部分が凹となり，砂岩が凸となって洗濯板状になる。

② 弥生橋東詰

弥生橋を渡り，目を右に向けると，船を係留する杭に似た突出したものが，厚い砂岩層の上に一列に並んで見られます(**図4-19**)。これは砂岩の中に含まれていたコンクリーション(団塊)が波の浸食に抵抗し，残されたものです。団塊は砂岩中で水酸化鉄が濃集し，その部分が周囲よりも固くなったもので，形は球，楕円体，扁平なものなどいろいろです。

この場所で，砂岩層と泥岩層をよく観察すると，砂岩層には規則正しい割れ目が見られます。節理と呼ばれるもので，砂岩層の厚さが厚くなると，節理の間隔が大きくなります。この節理に沿っても水酸化鉄が集まり，固くなって周囲より飛び出しています。節理に囲まれた中心部分は差別浸食(岩石の弱い部分だけが削り取られること)により，お盆のようにへこんでいます。

これに対して泥岩は，乾燥すると細かに割れやすく，砂岩よりももろいために浸食されやすく，泥岩層は砂岩層よりもくぼんでいます。

③ 青島神社海側の鳥居

赤い鳥居の横には断層が見られます(**図 4-20**)。断層を境にして連続している砂岩の層がずれています。その他の断層の位置も地質図に書いてあります。ずれの方向などを推定できる場所もありますので，それぞれの場所で観察してください。

図 4-19 砂岩のコンクリーション **図 4-20** 断層

④ 灯台西

灯台の西側にある厚い砂岩層の北側(海の近く)には，数十 cm の大きさの甌穴(おうけつ)が数個並んで見られます(**図 4-21**)。波が激しくあたる場所で形成されたものと思われます。

また，青島の東側では，蜂の巣状の模様のある砂岩がよく見られます(**図 4-22**)。これは，塩類を含む水が砂岩の砂粒の間を通り，水が蒸発して塩類の結晶ができるとき，砂粒の隙間を押し広げて砂粒をばらばらに壊した(塩類風化)と考えられています。砂岩の表面に見られる風化の形態には，いろいろなものがあり，まだその仕組みはわかっていません。

図 4-21 甌穴 **図 4-22** 蜂の巣状の模様(塩類風化)

76　Ⅱ．地区別フィールドガイド

エリア 4-10　双石山(ぼろいしやま)(図 4-23)　宮崎市(1/2.5 万地形図　日向青島)

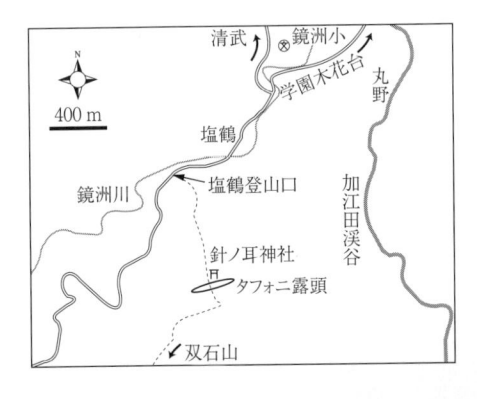

図 4-23　双石山

塩鶴(しおづる)の登山口から約 25 分進むと，針の耳神社(はりのみみ)という小さな社があります(図 4-24)。ここの地層は，宮崎層群の基底部に近い部分です。数 m の厚い砂岩層の中に頻繁に礫を伴っています。礫は薄い層状になることが多く，一部は数十 cm の厚さに密集しています。礫は数 mm ～

図 4-24　針の耳神社露頭

数 cm の径の砂岩の礫が不ぞろいに混ざっています。地層は全体として緩やかに南東方向に傾斜しています。

砂岩層の表面には大小の凹凸が多く見られます。これはタフォニと呼ばれるくぼみ地形です。針の耳神社のタフォニでは，硫酸マグネシウムなどの塩類の結晶が砂岩の表面に析出していました。これらの結晶が砂岩の砂粒同士の隙間を押し広げ，砂岩をばらばらに壊す「塩類風化」という仕組みによってできたと考えらます。砂岩が崩れて大きなくぼみ(タフォニ)地形を形成するとき，風の力も作用しているのではないかという説も出されています。

また，崩れ残った部分は網目状などの不思議な形になりますが，できる理由はよくわかっていません。砂岩層の崖の下には，サンドパイプなどを見つけることができます。付近の地層には，二枚貝や新第三紀中新世の示準化石である

オパキュリナ・コンプラナータ（有孔虫）などの化石が産出しています。

エリア 4-11　清武総合運動公園（図 4-25）
　　　　　宮崎市清武町（1/2.5 万地形図田野・宮崎）

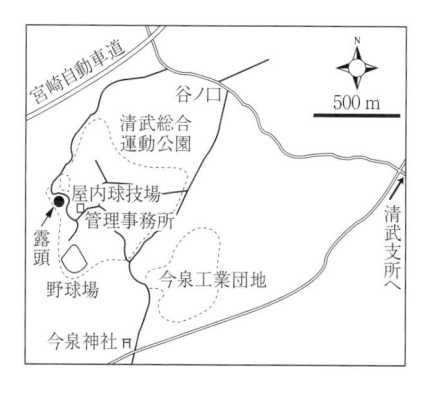

図 4-25　清武総合運動公園

　清武総合運動公園は，おもに宮崎層群からなる丘陵地を切り開いてつくられており，構内には宮崎層群の小露頭をいくつか見ることができます。これらの崖は草に覆われて見づらくなっていますが，屋内球技場裏の道路沿いには比較的草の少ない崖があります（図 4-26）。

　ここでは厚さ 5 cm の薄い砂岩と厚さ 30 cm の暗灰色泥岩が交互する泥岩優勢互層が見られます。地層は球技場側（東側）へ緩く傾斜しているため，露頭を正面から眺めると，地層を斜め上から見る形になります。露頭の中央部にはやや厚い十数〜20 cm の青灰色細粒砂岩層があり，この層の表面には茶褐色の

図 4-26　屋内球技場裏の露頭 　　　図 4-27　砂岩表面の模様と小断層

しみによる，直径 20 cm 前後の亀甲模様が見られます（**図 4-27**）。これは風化の進行とともに雨水の作用により，砂岩の節理面に沿って水酸化鉄が沈殿したものです。

また，この砂岩にはごく小さい断層も観察できます。ここには直線的に伸びた幅 10 cm ほどの破片化した部分（断層破砕帯）が見られ，これを境にして砂岩の表面に段差ができています。面の高さは右側（北側）が 5 cm ほど低くなっています。この破砕部は泥岩中にも延長しており，周囲の泥岩に比べ，より粘土化が進んで軟らかくなっています。

そのほか砂岩と泥岩の量比が異なるさまざまな互層は，野球場のバックスクリーン裏などでも見ることができます。多目的広場の南西側には砂岩のやや厚い層などが見られます。

なお，この構内では土石の採取・形状変更禁止のほか，禁止区域への立ち入り制限等が条例で決められていますので，見学の際は管理事務所へ申し出て許可を受けるようにしてください。

エリア 4-12　元野（もとんの）（図 4-28）　宮崎市田野町（たのちょう）（1/2.5 万地形図　築地原（ちくちばる））

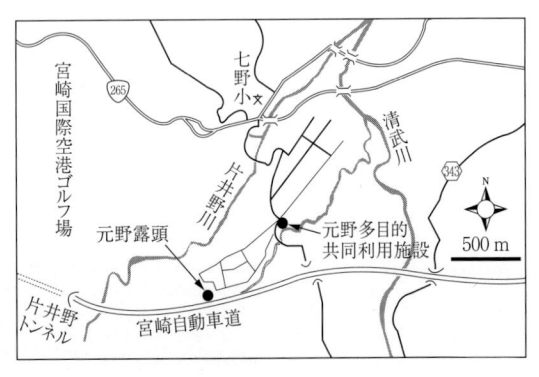

図 4-28　元　野

田野町元野では高速道路脇の法面が被覆されることなく残っており，褐～黄橙色の層が複数観察できます（**図 4-29**）。上位より鬼界アカホヤ（K-Ah），姶良Tn（AT），霧島アワオコシ（Kr-Iw），姶良岩戸（A-Iw）などのテフラがカマボコ

形の旧地形に沿って堆積しています。露頭の中段には姶良福山(A-Fk), 鬼界葛原(K-Tz)が水平に堆積しているのが見られます。さらに下位の礫層中に, 淡いピンク色の阿多火砕流堆積物(Ata：約11万年前)があり, その中に炭化した木片が観察できます。高速道路側の露頭下部では礫層が四万十累層群の頁岩層を不整合に覆っています。

図 4-29 元野の火山灰露頭

この地域のでき方はつぎのように考えることができます。かつて, 鰐塚山から吐き出された礫が扇状地をつくり, 同時に阿多カルデラからの火砕流が流下しました。さらにその上に姶良福山, 鬼界葛原のテフラが堆積しました。その後, 川により浸食され, カマボコ形の地形ができました。約5万年前の姶良岩戸以降のテフラが, カマボコ形の地形に沿って堆積しました。周辺は畑地なので, 迷惑をかけないようにしましょう。

エリア 4-13　久木野（図 4-30）　宮崎市高岡町（1/2.5万地形図　紙屋）

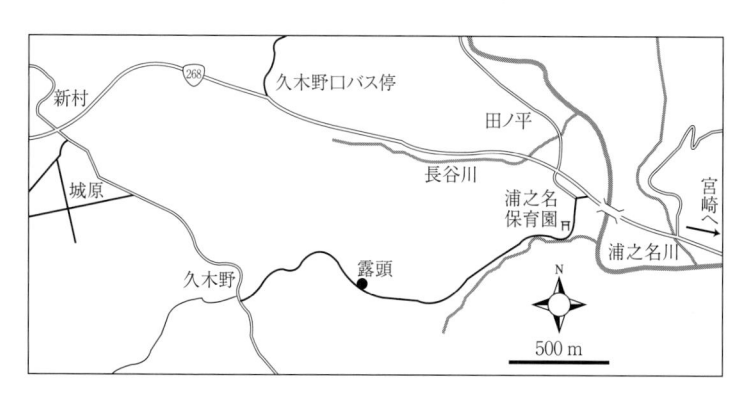

図 4-30　紙屋

浦之名保育園(標高 42 m)から西へ、相ヶ谷川沿いに久木野地区(標高 184 m)に通じる道路沿いを観察します。保育園から西 50 m の河床に宮崎層群の厚い灰色の砂岩層が見られます。少し登ると、標高 65 m 付近から仮屋層の礫層が現れます。ここは砂の多い礫層で、直径 10 cm 程度の丸い礫が多く、上方に向かって礫の割合が増えていき、一部には白色の細粒な砂層をはさみます。

標高 100 m 付近では礫の表面が酸化鉄により茶褐色になっています。標高 110 m から、数 cm 大の軽石を含む灰白色の小林火砕流堆積物(小林笠森テフラ Kb-Ks：約 53 万年前)が仮屋層の礫層を覆っています(図 4-31)。この火砕流堆積物は上方に向かって細粒になり、標高 135 m 付近まで連続して見られます。小林火砕流堆積物の上には、10 cm 程度の礫で構成される野尻層が見られます。

図 4-31 礫層を覆う小林火砕流堆積物

エリア 4-14　瓜田ダム(図 4-32)　宮崎市高岡町(1/2.5 万地形図　日向本庄)

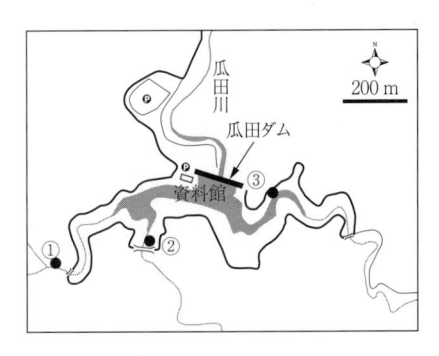

図 4-32 瓜田ダム

高岡温泉を過ぎ、しばらく進むと瓜田ダムがあります。瓜田ダム周辺の「高岡山地」は、基盤の四万十累層群を宮崎層群が不整合に覆っています。付近の地層は下になるほど造礁サンゴの化石(約 700 万年前)を多く産出します。

① 一の沢

この沢沿いには，細粒礫岩層中に3mほどの厚さにわたって大きさ数十cmほどのサンゴ化石が挟まっているのが観察できます（**図4-33**）。これは，サンゴがサンゴ礁から波によって離され，礁の外に運ばれ砂地に堆積したものと考えられています。

② 二の沢

ここでは，サンゴ化石が基盤の四万十累層群の頁岩層の上に直接のっており，厚さ1m弱の層を形成しています（**図4-34**）。このサンゴは当時この場所で生息していたもので，サンゴ生礁と呼ばれています。ダムの水位が下がっているときにのみ観察できます。

図4-33 一の沢   図4-34 二の沢

③ ダム湖の石積み護岸

ダム対岸の広場の階段をおりると，ダム工事の際に出た1〜2mの巨大な岩石を組み上げて護岸にしてある場所があります。よく見ると，この岩石の中にサンゴの化石が多く入っており，観察に適しています（**図4-35**）。

高岡産地のサンゴを産出する範囲は，瓜田ダム付近を中心に周囲にかなり広がっており，南東の内ノ八重地区から北西方向の楠見地区まで確認されています。これらの造礁サンゴ化石は，ノウサンゴやアザミハナガタサンゴなど，50種類を超えています。当時は熱帯〜亜熱帯にあた

図4-35 ダム護岸の石積みに見られるサンゴ化石

る温暖な気候であったと考えられます。現在のサンゴ礁は，河川の流入がなく，海流が直接当たる場所にできることから，当時の高岡山地は半島状に突き出ていた可能性が指摘されています。高岡山地の化石は，このように当時の環境を推定するうえで非常に重要なものです。

また，周辺の砂岩中には中新世の示準化石として知られる大型有孔虫化石のオパキュリナが含まれています。このオパキュリナを含む砂岩は，サンゴより上位にあたります。

エリア4-15　赤谷（あかたに）（図4-36）　宮崎市高岡町（1/2.5万地形図　日向本庄）

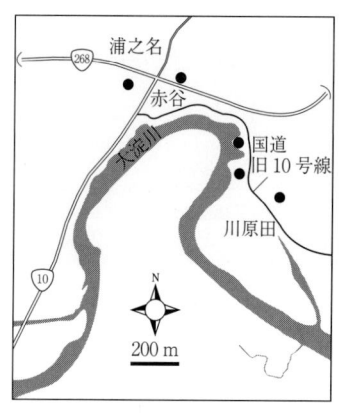

図4-36　赤　谷　　　　図4-37　赤谷の大淀川河床の露頭

国道10号と268号の分岐点周辺の赤谷地区には，国道沿いや川原田（かわはらだ）地区に向かう国道旧10号線沿いの崖，大淀川の河原などに複数の露頭が見られます（図4-37）。道路沿いは危険ですし，民家の敷地内は許可が必要なので，赤谷のバス停近くから下りた河岸がいいでしょう。増水時は注意が必要です。

地層は宮崎層群下部層で，青灰色の極細粒砂岩です。周辺は新生代新第三紀中新世の化石の産地として有名な場所です。化石の量，保存状態ともに良好で，岩が軟質なため，岩から化石を掘り出す作業（クリーニング作業）も比較的容易です。スダレガイの仲間，イタヤガイの仲間などの二枚貝の化石を豊富に産出し，巻貝，カニ，ウニ，クジラ，サメの歯などをはじめ，大型の化石も周

辺で発見されています。この周辺はいまでも新発見の可能性のある，学術的に貴重な観察場所です。必要以上の採集や河原の破壊などで採取禁止にならないように，マナーを守りましょう。

エリア 4-16　森永化石群（図 4-38）　国富町（1/2.5 万地形図　日向本庄）

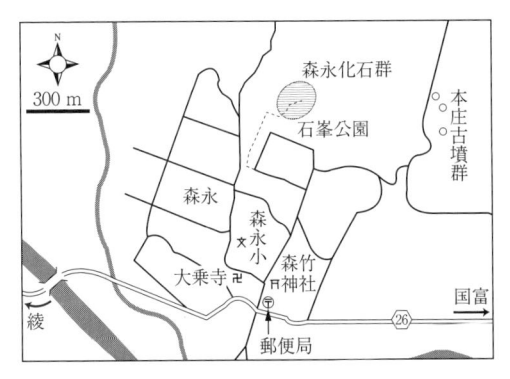

図 4-38　森永化石群

国富町森永交差点から北上すると石峯公園への道路標識があります。公園の登り口には案内看板があり，そこから 10 分ほど登ると石峯公園（森永の化石群）があります。ここは古くから地元で石峯大師と呼び親しまれていました（**図 4-39**）。ここから化石が産出することは，1884（明治 17）年刊の「日向地誌」にも記載されています。1937（昭和 12）年 7 月 2 日に県指定の天然記念物になっています。

ここの地層は宮崎層群に属します。化石のほとんどは二枚貝類や巻貝などの破片で，底生有孔虫（オパキュリナ）もわずかに含まれています。厚さ数 cm の板状の化石の層が何層も水平に積み重なって，全体で厚さ 2〜3 m となっています。これは生息する貝類がその場所で化石になったものではなく，

図 4-39　石仏が祀られた露頭

異なる場所から運ばれたものです。このような産出状態は化石床と呼ばれています。ここの化石床は化石からしみ出した石灰成分によって砂岩が固結したものです。この丘陵は，その後の風化・浸食により固い水平な化石床の部分が露出し，平坦な頂上部の地形を作っています。森永化石群は，本地域の宮崎層群の形成過程を示す貴重な資料であると同時に，周辺域の海洋生物相を明らかにする資料として重要です。

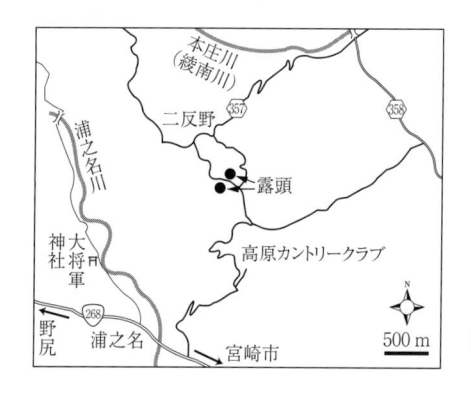

エリア 4-17　二反野原(にたんのばる)(図 4-40)　綾町(あやちょう)(1/2.5 万地形図　紙屋)

図 4-40　二反野原

大淀川の支流である浦之名川(うらのみょう)と綾南川(あやみなみ)にはさまれた，標高約 200 m の段丘地形の上面が二反野原です。フェニックス高原ゴルフ場の北方一帯には，建設会社の土取場などいくつかの露頭があります(**図 4-41**)。

この露頭では，上位から鬼界アカホヤ(K-Ah)，姶良 Tn(AT：約 2.8 万年前)などのテフラがカマボコ形に堆積し，それより下位のテフラ(約 11 ～ 4 万年前)はおおむね水平

図 4-41　二反野地区の火山灰露頭

で，上から順に霧島イワオコシ(Kr-Iw)・霧島アワオコシ(Kr-Aw)，姶良岩戸(A-Iw)，阿蘇 4(Aso-4)，姶良福山(A-Fk)，鬼界葛原(K-Tz)，阿多(Ata)など

が堆積しています。露頭の最下部は，加久藤火砕流堆積物(Kkt：約34万年前)が見えます。

これらの関係から，水平に堆積している下位のテフラが浸食を受け，台地上に緩やかな凹凸ができ，その地形を覆うように上位のテフラが堆積したと考えられます。二反野原は，このほかにも霧島火山から供給された小規模なテフラが多く報告されているテフラのデパートです。

また，綾南川右岸の宮谷(みやたに)集落からしばらく登った道路沿いには，円礫が連続的に観察できます。この礫岩層中には，小林笠森(こばやしかさもり)(Kb-Ks：約53万年前)が数十cmの厚さで白くはさまれている様子が観察できます。

エリア4-18　小田爪(おだづめ)(図4-42)　綾町(1/2.5万地形図　岩崎(いわさき))

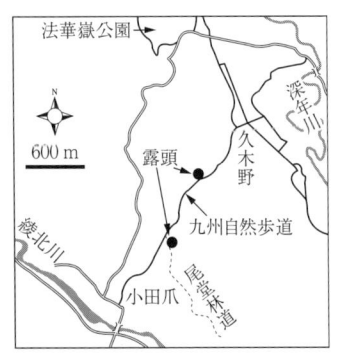

図4-42　小田爪　　　　図4-43　尾堂林道の宮崎層群露頭

綾町小田爪から国富町の法華嶽(ほけだけ)方面に向かう九州自然歩道があります。歩道といっても自動車の通行できる舗装道路です。この自然歩道は綾と国富を結ぶ丘陵地帯を南西 - 北東に横切っています。この丘陵の綾側斜面に尾堂林道(おどう)という標柱の立った林道があります。この林道は自然歩道から綾北川下流に位置する尾堂の集落まで続き，切り通しに複数の露頭が観察できます(図4-43)。ここは宮崎層群の暗灰色の砂岩層が露出しており，キララガイの仲間，スダレガイの仲間等の二枚貝や，アッキガイなどの巻貝などの貝化石を採集することができます。

林道から自然歩道に戻り，国富方面に進むと大きな切り通しに綾町教育委員

会が平成 10 年に立てた化石案内板があります。ここも，尾堂林道と同じ宮崎層群の地層でフスマガイやスダレガイの仲間，マルスダレガイの仲間などの化石が産出します。一帯の地層は緩やかに東に傾斜しており，二つの露頭は同じ地層の連続する上下の地点を見ていることになります。化石を採集するときは地権者などに許可を得るようにしてください。

エリア 4-19　川中(かわなか)キャンプ場(図 4-44)　綾町(1/2.5 万地形図　大森岳(おおもりだけ))

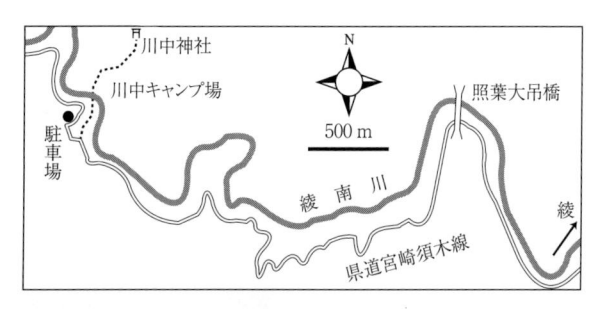

図 4-44　川中キャンプ場

図 4-45　柱状節理の発達した入戸火砕流の溶結凝灰岩

綾の照葉(てるは)大吊橋から綾南川を上流に向かうと，川中のキャンプ場があります。キャンプ場入り口には駐車場があり，ここから県道に沿って約 150 m で道はヘアピン状にカーブして登り坂になります。その先のコンクリートで吹きつけられた崖から約 200 m にわたって，暗灰色の入戸火砕流堆積物が見られます(**図 4-45**)。一般に入戸火砕流堆積物の非溶結部分はシラスとして知られていますが，ここでは大半が溶結凝灰岩になっています。特に分布範囲の中ほどではかなり固く，数十 cm 〜 1 m 幅の柱状節理が発達しています。露頭には落石防止のためのネットがかけられているため，少し見づらいかもしれません。

エ リ ア 5

―― 小林市，高原町，えびの市 ――

みどころ
・加久藤の火砕流堆積物が分布する。
・霧島火山群と各種の火山灰類が分布する。
・湖に堆積した加久藤層群が，えびの市に分布する。

エリア 5-1　秋社川（図 5-1）　小林市野尻町（1/2.5 万地形図　紙屋）

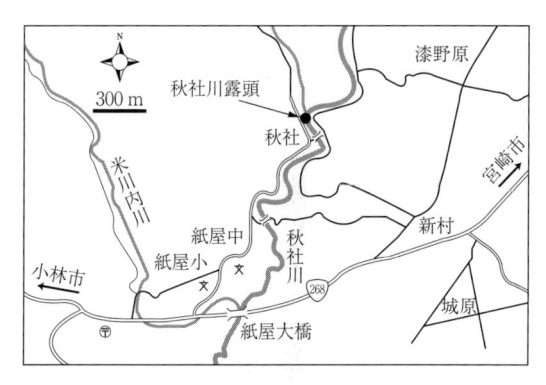

図 5-1　秋社川

野尻町紙屋の紙屋中学校の北東に、秋社の集落があります。秋社公民館前の道路から秋社川の河原を眺めると、川の流れを斜めに横切る白い帯状の地層を見ることができます（図 5-2）。右手の竹藪から河原におりることもできますが、斜面が急なのでロープを使用するといいでしょう。

この白い地層は約 53 万年前に噴出した小林火砕流堆積物ではないかとされ、噴出場所は小林市にあった

図 5-2　秋社川河床の小林笠森テフラ

小林カルデラと考えられています。この堆積物は近年研究が進み、同じ火山活動の火山灰が各地で見つかり、この火砕流とあわせて小林笠森テフラ（Kb-Ks）と呼びます。このテフラは地層の年代を知るための大切な目印になっています。小林火砕流はルーペで観察するとキラキラ輝く薄い板状の鉱物（黒雲母）をもつことが大きな特徴です。

ここで観察すると、火砕流は左側（北側）の四万十累層群の頁岩に直接接して斜めに傾いています。これらは 5 枚ほどの厚さ 50 cm 〜 1 m 程度の層に分かれ、軽石の角礫を含む層や白い火山灰の層などがあります。火山灰の層には、

しま状の模様(ラミナ)が見られ,この層が水中で堆積したことがわかります。

ここの右側(南側)には諸県層群の野尻層という,礫や泥が水中に堆積したと思われる地層が続きます。この泥層からは保存状態のよい植物化石が産出します。これらのことからこの一帯は,数十万年前から数万年前まで断続的に湖か沼のような環境になっていたと考えられます。

エリア5-2　石瀬戸バス停(図5-3)　小林市野尻町(1/2.5万地形図　紙屋)

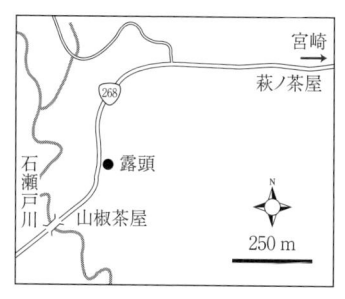

図5-3　石瀬戸バス停

図5-4　野尻層の泥層

国道268号線を萩之茶屋跡から小林方面に坂を下り,左手に曲がると左側の駐車場奥に露頭(標高150 m)があります。

この地層は諸県層群の野尻層で,おもに茶褐色の硬くしまった泥層からなり,水平に堆積しています(図5-4)。一部には数cm大の礫が混じっている層や細かい粒の集まりであるラミナを見ることができます。露頭の中で巨礫に見える部分はブロック状の泥層で,その下位に礫層が確認できます。

ここもエリア5-1の秋社川と同じように,数十万年前から数万年前まで断続的に湖か沼のような環境になっていた場所だと考えられます。

エリア5-3　新屋敷(図5-5)　小林市(1/2.5万地形図　日向小林)

平の前周辺を東の端として,西は鬼塚までの範囲に分布する複数の小山は,かつてあった古夷守岳が崩壊してできた「流れ山」と呼ばれる地形です。

新屋敷の菅原神社(梅の天神)前の露頭では,最下層に数m～十数cmのサイズで破断された安山岩質の緻密な溶岩のブロックがあり,それらの割れ目や

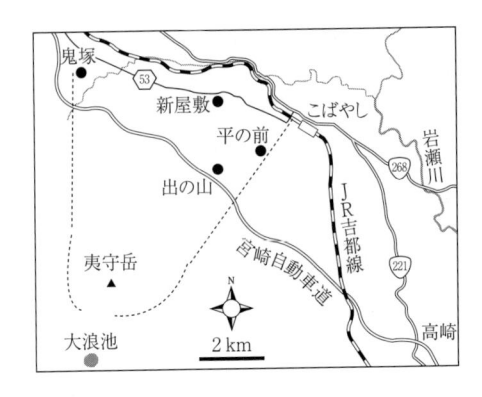

図5-5　新屋敷

ブロックの周囲には，よく発泡した大小の火山岩片と火山灰が，かなり撹拌された状態で分布しています(**図5-6**)。この岩石は酸化鉄が多いため赤紫色になっています。これらの堆積物は，約3万年前に地下水がマグマの熱で爆発的に膨張したため，夷守岳の北斜面が浮き上がり，なだれのように滑り落ちたものです。滑り落ちた岩体上には，夷守岳からの色が異なる複数枚のスコリア層がのっています。

図5-6　菅原神社前の流れ山

さらにその上には，橙色をした大隅（おおすみ）降下軽石層をはじめ，霧島小林軽石(Kr-Kb：約1.6万年前)や鬼界アカホヤ火山灰(K-Ah：約7300年前)など，南九州の火山活動の噴出物が層をなしてのっており，最終的にはなだらかな山型の地形をつくりだしています。これらのなだらかな複数の山形の地形は，夷守岳を扇の要として北側の裾野に扇をやや広げた形で散在し，「流れ山」と呼ばれています。

エリア5-4　三之宮峡（図5-7）　小林市（1/2.5万地形図　須木）

三之宮峡の岩壁は、加久藤火砕流（Kkt：約34万年前）の溶結凝灰岩からできています。

加久藤火砕流は現在のえびの市付近から噴出した高温の大規模な火砕流で、周辺に噴出物を厚く堆積させるとともにカルデラをつくりました。その後、堆積物の多くは浸食されましたが、厚く堆積し強溶結した硬い部分は深い峡谷の崖をつくりました。峡谷の壁には、火砕流堆積物が冷却される際につくられる柱状節理を見ることができます。この渓谷の屏風岩と名づけられた壁は、約30mの高さに浸食されています。

千畳敷付近は、峡谷の河床が比較的平坦になっています（図5-8）。河川は、一般に下へ向かって谷をつくる浸食を進めた後、ある段階から横方向への浸食をして川幅を広げます。溶結凝灰岩は冷えていくときに、ほぼ水平方向に同じ硬さになる性質があります。この二つの要因から、溶結凝灰岩の渓谷では、場所によって広い河床がつくられることがあります。

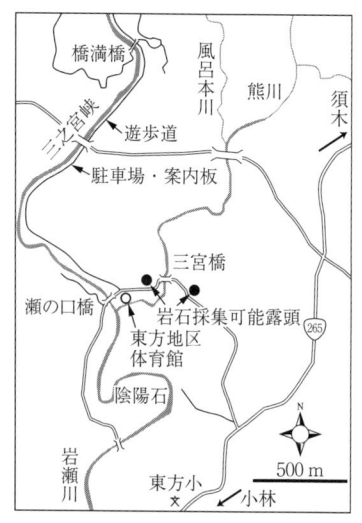

図5-7　三之宮峡

図5-8　三之宮峡の千畳敷

また、この河床には大小の甌穴が多く刻まれています。さらに河床面が下がったり、流路がわずかに変化したりすると、すでにあった甌穴が垂直に切断されることがあります。三之宮峡にはその切断面が川岸に残されています。

三之宮峡の溶結凝灰岩は、その表面がかなり風化しており、数cmの黒色レンズを含み、薄茶～赤色の汚れた感じの斑点状の天然ガラスでできています。

また，同時に噴出した数 cm 径の扁平な軽石片や火砕流が高速で流下する際に，その道筋で取り込んだ1 cm 以下の茶〜黒色の岩片も含んでいます。

三之宮峡やその下流域にある陰陽石は保存地域なので，加久藤溶結凝灰岩をハンマーで割って観察するには，熊川(くまがわ)が浜瀬川に合流する手前に熊川を渡る，三之宮橋の両側の道路沿いがよいでしょう。

エリア5-5　ままこ滝（図5-9）　小林市須木（1/2.5万地形図　須木）

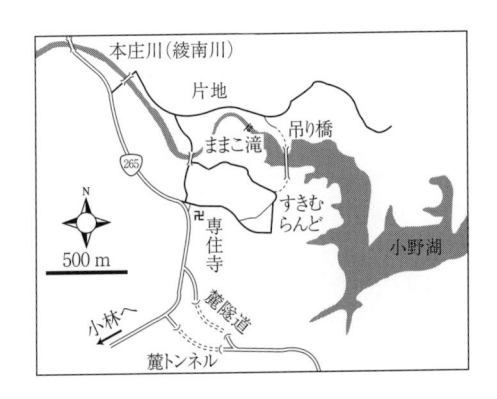

図5-9　ままこ滝

「ままこ滝」とその滝上の河床の岩石は，加久藤火砕流堆積物（Kkt：約34万年前）の強溶結部からできています（図5-10）。岩石は，ハンマーで叩いたときの割れ口に，赤〜橙色の斑点が多く観察される天然ガラスの緻密な集合体です。やや汚れた感じの灰色を呈し，1〜2 cm の黒曜石のレンズを含みます。ダム湖や滝上の流域の両岸には，この加久藤火砕流堆積物の上位に入戸火砕流堆積物（A-Ito：約2.8万年前）の溶結部がのっています。ここの入戸溶結凝灰岩は，汚れた感じのない橙〜黒色であり，黒曜石レンズがほとんど見られないことで加久藤溶結凝灰岩と区別できます。

図5-10　ままこ滝

約34万年前の須木地区には,加久藤火砕流が多量に流入し,一帯を厚く埋積しました。その後,流水の浸食によって川が復活し,長い年月をかけて加久藤火砕流堆積物が少しづつ浸食・削剥されていきました。約2.8万年前には,錦江湾(きんこうわん)の最奥にあった姶良カルデラが大噴火をして,入戸火砕流を噴出しました。その一部はこの地域に流入し,削剥された加久藤溶結凝灰岩を覆って,厚く堆積しました。その後,川は再度復活し,現在も続くこの浸食で入戸火砕流堆積物を削り終え,下位に堆積している加久藤火砕流堆積物まで削剥が進みました。この過程で下流側と上流側の浸食する程度の差によって「ままこ滝」を形成したと考えられます。

エリア5-6 奈佐木(なさき)と永迫(ながさこ)(図5-11)　小林市須木(1/2.5万地形図　須木)

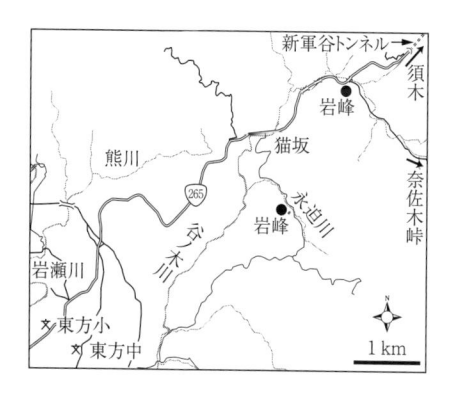

図5-11　奈佐木と永迫

谷ノ木川に注ぐ永迫川の右岸に,厚く堆積した加久藤火砕流堆積物の強溶結部を切り取って道路がつくられています。左岸に渡る小橋の約50m手前で,対岸に浸食を免れた強溶結部が尖塔状の奇岩(永迫奇岩)を形成しているのが観察されます(図5-12)。また,国道265号線と県道401号線が交差する奈佐木の地点にも,同じく強溶結部がその頂部に尖塔状の小峰の列を持った岩

図5-12　奈佐木の奇岩

崖を形成しています。奇岩は，永迫川と谷ノ木川が蛇行しながらその流路を変えつつ流下・浸食した際に，浸食を免れた加久藤火砕流堆積物の強溶結部がつくり出した姿です。

奇岩の岩石は，ままこ滝のものと同じで，赤～橙色の斑点が多く観察される天然ガラスの緻密な集合体です。やや汚れた感じの灰色を示し，1～2 cmの黒曜石のレンズを含みます。加久藤火砕流堆積物の強溶結部の岩石を調べるには，永迫川の右岸の道路沿いや奈佐木交差点にある小さな社のそばの露頭がよいでしょう。

エリア5-7　梅ヶ久保(うめがくぼ)(図5-13)　高原町(たかはるちょう)(1/2.5万地形図　高原)

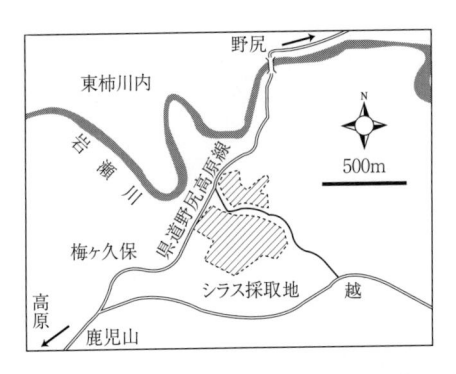

図5-13　梅ヶ久保

岩瀬川(いわせがわ)を渡り，県道高原野尻線を高原町方面に1 kmほど行くと，左側の畑の向こうに広い崖が見えてきます(図5-14)。このあたり一帯はいわゆるシラス台地で，シラスの採取地になっています。シラスは崖の中央の厚く白い部分で，入戸火砕流堆積物の非溶結部と大隅降下軽石層からなります。

図5-14　厚く堆積しているのがシラス

下のほうの濃い褐色のしまの部分は，シラスが流下する前に堆積したもので，旧期ローム層と呼ばれています。これらは霧島火山やその他の火山から供

給された各種のスコリアや軽石,火山灰の層からなります。またシラスの上部を霧島小林軽石(Kr-Kb：約1.6万年前)や鬼界アカホヤ火山灰(K-Ah：約7300年前)などの新期のテフラがしま状に覆っている様子が見られます。ここは社有地で埋め立てや切土などの作業も行われているので,無断で立ち入らないよう遠くから眺めるだけにとどめましょう。

エリア5-8 御池(みいけ)(図5-15)　高原町・都城市(1/2.5万地形図　高原)

霧島火山群は大小20余りの火山で構成される「火山のデパート」です。この火山群の東端に位置する御池は,野鳥や植物の宝庫として知られる周囲約4km(直径約1.3km)の池ですが,マールと呼ばれる独特の形態をしている火山です。マールは,高温のマグマが表層付近の水と接触したために,急激な体積膨張を生じ,爆発的な噴火を起こしてできた火山です。大きな火口と低くなだらかな山体(砕屑丘)が特徴です。

御池はこのようにしてできた爆裂火口に水が溜まった火口湖で,100m以上の深い水深です。ですから,現在私たちが池めぐりをしている部分は,じつは火口の中ということになります。

① 皇子港(おうじこう)ボート乗り場の南

御池のほとりの皇子港には,食堂やボート乗り場のある平坦地があります。ここから池めぐりの遊歩道を南へ向かうと,遊歩道の上に大木が何本も倒れ掛かっています(図5-16)。この部分の崖や湖岸にはごつごつした岩が露出します。崖に見られる岩石は風化がひどく,白色の地(石基)に褐色の斑点(斑晶)が見られます。新鮮なものでは,暗灰色の

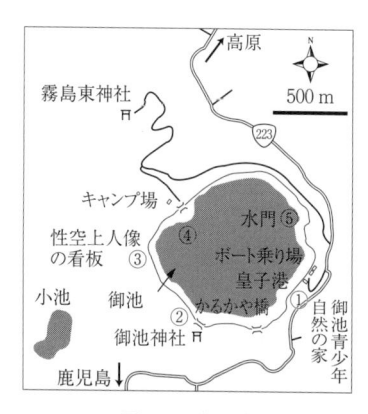

図5-15　御　池

図5-16　古期安山岩の露頭

地に1〜4mmの白く濁った鉱物(斜長石)と，1〜2mm大の黒い鉱物(輝石)などが斑点状に見られる輝石安山岩です。栗野(くりの)安山岩(あんざんがん)類に属する古期の安山岩で，霧島山の基盤をなしていると考えられています。

② かるかや橋

かるかや橋を渡って少し進んで雑木林に入ったところから，小さな尾根を越えたあたりまでの足下を注意して見てください。山から流出してきた石の中に，直径1〜2cmからこぶし大くらいの黒褐〜赤黒色のがさがさした石がたくさん転がっています(**図5-17**)。これはスコリアといい，鉄やマグネシウムなどの重い元素を多く含むマグマが発泡して，軽石のように多数の穴ができたものです。軽石は水に浮かびますが，スコリアは比重が大きいため水に浮かびません。ここのスコリアは「御鉢(お)延暦(はちえんりゃく)スコリア」や「高原スコリア」と呼ばれ，西暦788(延暦7)年や西暦1235年などの御鉢火口の活動によって噴出したものと考えられています。

図5-17 路面に転がるスコリア

また，スコリアとは別に灰白色のやや硬い2〜3cm大の軽石も見られます。これは2011年1月末の新燃岳の大噴火で降ってきた軽石です。スコリアと軽石の違いがよくわかると思います。新燃岳の軽石はここ以外でも見られますので，気をつけて探してください。

③ 御池西壁

性空上人像(しょうくうしょうにん)の看板のある地点から先の崖には，最初に観察した栗野安山岩類とは少し感じが異なる輝石安山岩があります。新鮮なものは暗灰色の地に白〜半透明の鉱物(斜長石)や黒緑色の鉱物(輝石など)が斑点状に入っています。風化が進んだ表面部分では全体が褐色混じりの灰白色となり，黒い鉱物(輝石など)はつやがなくなります。

この岩石は二子石火山を形成した火山活動(約1万年前)による溶岩流で，冷却時の収縮によって，水平方向に薄板状に発達した板状節理や緩やかに曲がった柱状節理など，規則性のある割れ目(節理)が形成されました。この付近は最大100mの急崖地帯で大きな谷はなく，水は岩の割れ目から大量に流れ出し

ています(図5-18)。この先100m
ほどの間では、このような湧水が数
多く見られ、岩の中に流れる水音を
聞くことができます。ここは昔の谷
筋が溶岩流で埋積された場所と考え
られています。

④ 御池キャンプ場

図5-18 安山岩の割れ目からの湧水

　町営キャンプ場付近は対岸のボート乗り場と同様、やや開けた平坦地になっており、谷川も流れています。地図を見ると、ここが御池に向かって扇型に張り出した地形であることがわかります。谷川が御池に流れ込む場所では、土砂の中に大きさ・形がふぞろいな礫が多数含まれた堆積物が見られます(図5-19)。キャンプ場管理棟の裏や奥の谷川には、直径が1mを超える大きな岩石も見られます。これらのことからキャンプ場一帯は土石流の堆積物でできていることがわかります。過去に土石流で形成された場所ですから、当然現在も土石流を生じる可能性が高い地域といえます。大雨のときには注意が必要でしょう。

⑤ 水門南東

図5-19 キャンプ場谷川から吐き出された土砂

　農業用水取水の水門を過ぎて皇子港方面に約200m進んだ付近から、黄白色の軽石の中に、灰色や黒の硬い岩片が混ざった地層が見られます(図5-20)。黄白色の軽石は2～3cmで、御池火山が約4600年前に噴火したときのものです。灰色の岩片は火山体の下部を構成している安山岩です。黒く緻密な岩片は頁岩～粘板岩で、火山体とは無関係な基盤を構成している四万十累層群の岩石です。この地層は、御池火山が噴火した際に基盤の岩石を破壊し、御池の軽石と一緒に吹き上げられ堆積したものです。これは霧島御池(Kr-M：約4600年前、御池降下軽石とも)と呼ばれ、御池の南東方向に厚く堆積しており、園芸用ボラ土として利用されています。

御池の北西にある霧島東神社への道の途中には、火山とは関係の無い砂岩の岩塊がいくつか転がっています。これらも火山活動により地下から吹き飛ばされてきたものと考えられます。

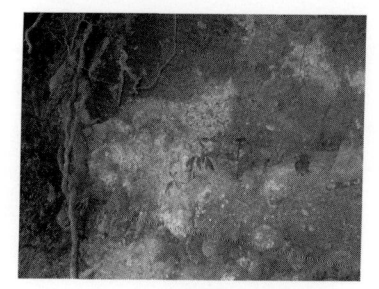

図 5-20 御池軽石の露頭

エリア 5-9　えびの高原（図 5-21）　えびの市（1/2.5 万地形図　韓国岳（からくにだけ））

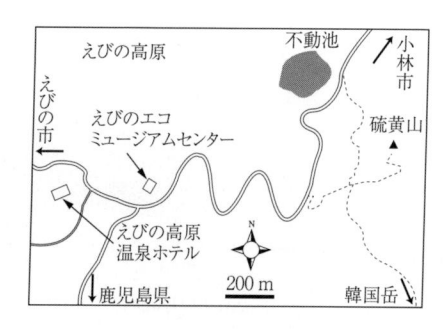

図 5-21 えびの高原

標高約 1200 m のえびの高原は、たくさんの登山客や観光客が集まります。えびのエコミュージアムセンターから遊歩道に沿って不動池に向かうと、大きな岩が点在する小高い丘（硫黄山（いおうやま））が見えてきます。

登りながら周囲を見渡すと、岩塊がなだらかな斜面をつくってえびの高原に続いています。この地形は、韓国岳の斜面が水蒸気爆発で山体崩壊したときの岩石が、当時の凹地（おうち）を埋積してできたものです。

硫黄山と韓国岳の間には、「流れ山」と呼ばれる小さな丘が堤防のように並んでいます。これも崩壊によって滑り落ちた山体の一部が大きく取り残されたものです。南の韓国岳（1700 m）を見ると、北側が大きく崩壊しています。崩れた壁を見ると三つの層からできています。これらは火山弾やスコリアが熱いうちに降り積もって再びくっついた岩石（火山集塊岩）で、このような活動が 3 回あって山体が形成されたと考えられます。

硫黄山は，霧島山群の中で最も新しい山で，16〜17世紀ごろできたと考えられています。火口周辺を歩くと巨大な岩塊の表面に，パン皮状のひび割れを見ることができます（**図5-22**）。また，かつてはこの周辺には硫黄を採掘する鉱山がありました。いまでも火口周辺の岩の割れ目は，黄色い硫黄がびっしり詰まっています。

図5-22 硫黄山の火口と韓国岳

エリア5-10　池牟礼（いけむれ）（図5-23）　えびの市（1/2.5万地形図　加久藤（かくとう））

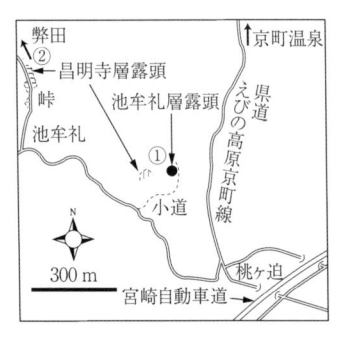

図5-23 池牟礼　　　**図5-24** 池牟礼東の露頭

① 池牟礼東

桃ヶ迫（ももがさこ）から池牟礼の集落に向かう道の途中に，小さな谷に沿う小道があります。この小道に沿って300 mほどくだっていくと，谷底や谷壁に暗灰色の粘土層が見られます（**図5-24**）。粘土層は半固結でしまりがよく，褐鉄鉱のしみが多く見られます。粘土層の塊（かたまり）を割ってみると，中から真っ黒になった葉っぱなどの植物化石が出てくることもあります。いまは加久藤盆地になっていますが，約34万年前にここにカルデラが形成され，内部にできた湖に加久藤層群が厚く堆積しました。この粘土層は，加久藤層群中の池牟礼層と呼ばれる地

層で，川内川北側の木場田(こばた)地区でも見られます。

② 池牟礼北

池牟礼集落の近くに分布する地層は加久藤層群中の昌明寺(しょうみょうじ)層と呼ばれ，おもにガラス質火山灰砂(シラス似の砂)からなる層です。この地層は，池牟礼層の黒～灰色の数十 cm の粘土塊を含むため，池牟礼層の上位の地層と考えられます。集落付近の昌明寺層は，白灰色で粗めのクレンザーのような手触りです。さらに，昌明寺層の露頭は，幣田(へいだ)から池牟礼に向かう道の峠付近の崖でも見られます。

エリア5-11　文化センター東(図5-25)　えびの市(1/2.5万地形図　加久藤)

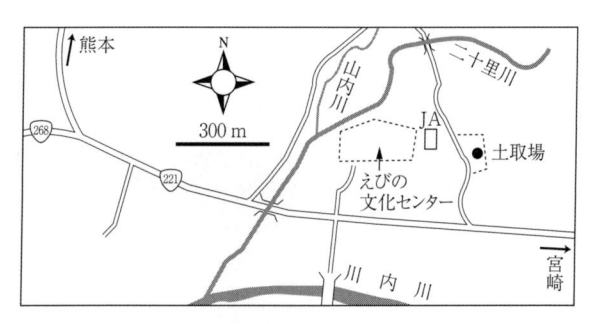

図5-25　文化センター東の崖

えびの市後川内の「えびの市文化センター」の駐車場から東のほうを見ると，JA の建物の先に土取場の崖が見えます(**図5-26**)。ここでは加久藤層群の地層のうち上部の三つの層が見られます。崖の1番下は，昌明寺層と呼ばれるクレンザー状の火山灰層で，上部はやや泥質となっています。また，ところどころに軽石の密集部があります。この層には雨による浸食痕(ガリー)が縦筋状に発達しています。また，上位の溝園(みぞの)層との境界は少しうねった形をしています。

図5-26　文化センター東側の土取場

溝園層は粘土を主体とした層で，下部の無層理の暗褐色粘土層と，上

部の灰白〜明灰褐色の水平方向の細かいしまが発達した，しま状粘土層(厚さ10m以上)とからなっています。ガリーは昌明寺層ほどには目立っていません。

溝園層のさらに上位には，斜めのしま模様が特徴的である下浦層が見られます。下浦層はつぎの田代地区でよく観察することができます。

エリア5-12　田代(たしろ)(図5-27)　えびの市(1/2.5万地形図　加久藤)

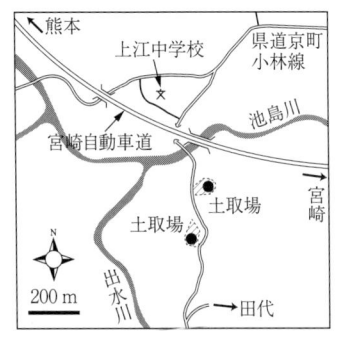

図5-27　田　代　　**図5-28　土取場に見られる下浦層の火山灰質砂層**

えびの市内ではあちこちで火山灰質の砂が採取されています。田代地区でも台地の縁が土取場となっています(**図5-28**)。この台地を形成するのは加久藤層群の最上層である下浦層(したうら)です。ここで見られる下浦層は，軽石が点在する火山灰質砂層を主体としています。砂層中には，ときに軽石の密集部や，丸みのある軽石が層をなしているのが見られます。また，砂層には水中堆積に特有の水平葉理のほか，斜交葉理や波状葉理などの堆積時のしま模様や木片が見られます。全体に未固結で砂層はさらさらしています。

下浦層は入戸火砕流(A-Ito：約2.8万年前)が加久藤盆地にあった湖(古加久藤湖)に直接流れ込んで，水中で堆積したものと考えられています。白っぽい火山灰砂層は，南九州では一般に「シラス」と呼ばれており，おもに灰白〜灰黄色のガラス質火山灰砂層で構成されている下浦層と，白色クレンザー状火山灰層の昌明寺層も一括して「シラス」と呼んでいます。

エリア5-13　久保原(くぼばる)(図5-29)　えびの市(1/2.5万地形図　日向大久保(ひゅうがおおくぼ))

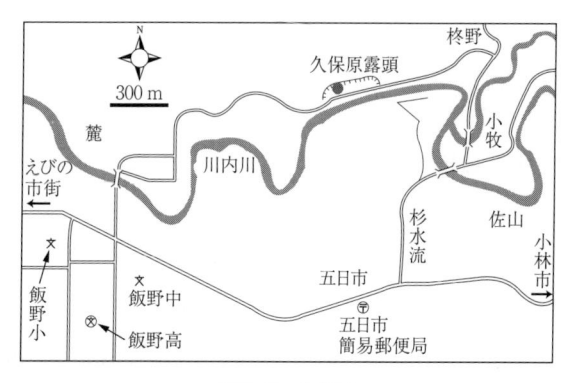

図5-29　久保原

　国道321号線を小林市からえびの市に向かって進み，有島(ありしま)の坂をくだる途中で，加久藤盆地の東北の隅の川内川右岸(北岸)に大規模な崖の露頭が見えます(**図5-30**)。ここの露頭は土取場になっているので，立ち入るときは許可をもらって入りましょう。大きな露頭にあがっていく道の左側の壁には，わずかにしま模

図5-30　久保原の土取場の露頭

様のある泥の層を見ることができます。これは溝園層と呼ばれる湖の底に堆積した，しま状の粘土層です。この上に，小礫を含んだ泥の層が堆積しています。

　さらに奥の大きな露頭を観察すると，下半分は10〜数十cm程度のさまざまな大きさの円礫が斜めに堆積した層状構造が見られます。その上には斜めの礫層を切って，水平な礫層が堆積しています。これらは，周辺から加久藤カルデラ内の古加久藤湖を埋めていった礫層です。

　その上部の白く厚い地層が，入戸火砕流(A-Ito：約2.8万年前)が古加久藤湖に水中堆積した下浦層です。さらに上部の段丘上には再び礫層があり，川内川がシラス台地を浸食し始める初期の堆積物です。

エリア 6

―― 都城市，三股町 ――

みどころ
・姶良の火砕流堆積物（シラス）のつくる地形が見られる。
・加久藤の火砕流堆積物が分布する。
・各種の火山灰層が見られる。

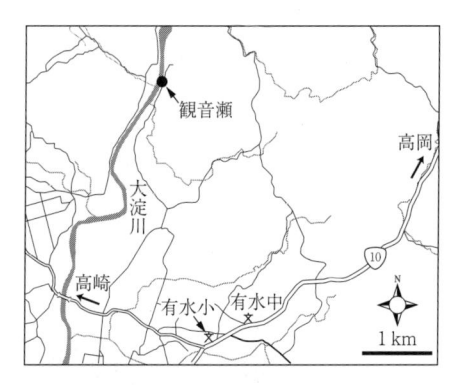

エリア6-1　観音瀬（図6-1）　都城市 高城町（1/2.5万地形図　有水）

図6-1　観音瀬

約2万8千年前に姶良カルデラから噴出した多量の入戸火砕流(A-Ito)は，当時の都城盆地を厚く埋めました。火砕流堆積物の下部には自重と熱によって溶結凝灰岩が生じました。その後，周辺からの雨水は都城凹地に広い湖を作りだし，さらに周辺のシラスを湖水中に運び込みました。こうして時が経って湖水面が高くなると，現在の高城町付近から水が一部のシラスとともに吐き出され，湖水が消滅して盆地になりました。現在，都城盆地から流れ出る唯一の河川である大淀川は，長い年月をかけて下流側から徐々に川底の浸食を進めてきました。

この川底浸食は観音瀬の近くで溶結凝灰岩の下部まで達して，浸食の進んでいない上流側と落差数mの滝をつくりました。観音瀬付近の川底には，直方体に石材を切り取った跡が一面に見られます（図6-2）。ここの溶結凝灰岩は比較的加工がしやすく，石材を切り取ってそのまま舟で運ぶことができたため，かつては石材として盛んに利用されました。なお，丸い形の穴は水流によって生じた甌穴です。

図6-2　観音瀬（都城市高城町）

「観音瀬水路」は宮崎県の史跡に指定されています。現地の説明板によれば，『第二十二代都城藩主島津久倫は家臣に命じ1791年から3年がかりで溶結凝灰岩の川底を掘削し舟路を開きました。これにより都城の竹之下橋から河口の宮崎の赤江まで舟で行き来することができるようになり，物流が盛んになりました。明治時代にも別の舟路が掘削され，ますます舟運が盛んになりました。』とのことです。

エリア6-2　旧四家中学校東（図6-3）

都城市高城町（1/2.5万地形図　紙屋）

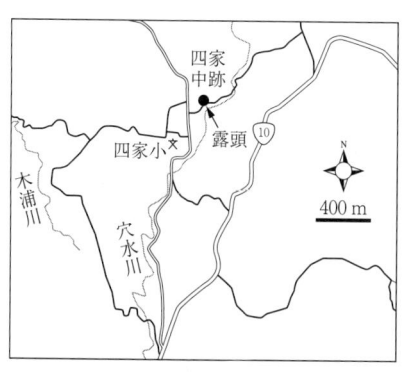

図6-3　旧四家中学校東　　　　**図6-4**　四家中学校東の崖

旧四家中学校の東側を流れる穴水川沿いに高い崖があります（**図6-4**）。河床には，この地域の基盤である四万十層累群の黒色頁岩が露出しています。左岸の崖の下部には，不ぞろいな数cm大の礫で構成される諸県層群の仮屋層が見られます。

この地層の上位に層厚50 cmほどで白色を呈する小林火砕流堆積物（小林笠森テフラ Kb-Ks：約53万年前）が見られます。この上位は，野尻層の礫層が分布し，中腹には黒色の炭化物や褐色の岩片を含む加久藤火砕流堆積物（Kkt：約34万年前）が見られます。崖の最上部には一般にシラスと呼ばれる入戸火砕流堆積物（A-Ito：約2.8万年前）が数mの厚さで露出しています。シラス層の最下部には層厚50 cmの細粒白色の大隅降下軽石層が見られます。

エリア6-3　迫間営農研修館（図6-5）
都城市高崎町（1/2.5万地形図　高崎新田）

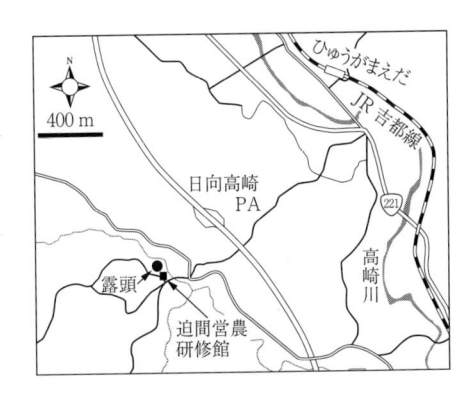

図6-5　迫間営農研修館

高崎町迫間の営農研修館の北側には，かつてシラスを採取していた高さ20mほどの崖があります（**図6-6**）。崖の大半は非溶結のシラスです。この上位には表層部を形成する厚さ数mのローム層があります。

シラスの上部1mほどはやや肌色がかっています。その上に50cm厚の黄橙色軽石層（霧島小林軽石 Kr-Kb：約1.6万年前）が見られます。軽石は1cm前後の小さいもの

図6-6　シラスとローム層

が多いですが，なかには5cm大のものも含まれます。

この上位は約2mの褐色土をはさんで，30cm厚の黒灰色火山灰層と20cm厚の黄橙色火山灰層がセットになって見られます。黒いほうは「牛のすねローム」（古高千穂起源），黄橙色のほうは鬼界アカホヤ火山灰（K-Ah：約7300年前）と呼ばれ，考古学では年代の推定に役立っています。

鬼界アカホヤから上はさらに1m厚の黄褐色土を隔てて，2m弱の橙〜黄白色の軽石層（霧島御池 Kr-M：約4600年前）が見られます。軽石は2〜5cm大で，ほかに灰色や黒色の岩片を多く含みます。灰色の岩片は以前の霧島火山を

つくっていた安山岩で，黒色の岩片は霧島火山の基盤を構成する四万十累層群の泥質岩片です。霧島御池の噴火の際，基盤の一部が破壊されて溶岩の破片（軽石）とともに放出されたものです。

エリア 6-4　横市(よこいち)（図 6-7）　都城市（1/2.5 万地形図　都城・庄内(しょうない)）

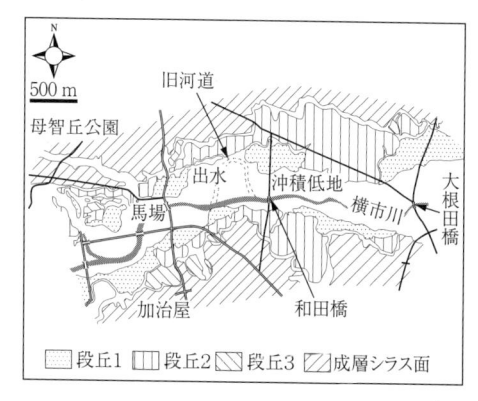

図 6-7　横　市

都城市西部の母智丘(もちお)の展望台から東を見ると，横市川両岸に平らな台地が広がっています（図 6-8）。入戸火砕流（A-Ito：約 2.8 万年前）が当時の凹地(おうち)（古い都城盆地）を埋めつくした直後，周囲の山地から流れてきた水によって広い湖が形成されました。同時に，周辺から運ばれてきたシラス（入戸火砕流堆積物の非溶結部）が，湖水中の火砕流堆積物本体の上に広く平らに溜まりました（二次シラス）。その後，この湖の水は排水され，湖底に形成されていた堆積物が顔を出して台地となりました。

図 6-8　横市川左岸

台地はさらに河川の働きによって削られ，分断されていきました。この河川沿いでは，川の蛇行や浸食力の強弱によって，台地が削られたり土砂が堆積し

たりして，流路沿いに高さの異なる数段の面(段丘面)が形成されました。横市川を横断してみると，これらの段丘面を観察することができます。例えば，加治屋の集落から川までの間には，三つの面が見られます。川のすぐ周辺の最も低い面が現世の氾濫原です。また，簑原や牧の原など母智丘の丘陵を取り巻く最も高い平らな面が，当時の湖の分布を示しています。

エリア6-5　関之尾(せきのお)(図6-9)　都城市(1/2.5万地形図　高野(たかの))

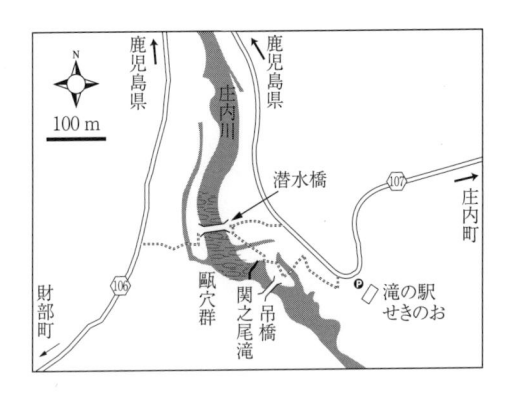

図6-9　関之尾

都城市関之尾には，大滝(おおたき)，男滝(おだき)，女滝(めだき)の三つの滝があります。最大規模の大滝は幅40 m，高さ18 mで「関之尾の滝」として知られ，「日本の滝100選」に選ばれています。滝の上流の庄内川(しょうない)河床には，長さ600 m，幅80 mにわたって大規模な甌穴(おうけつ)群が見られ，昭和3年に国指定の天然記念物に指定されています(図6-10)。滝上流の庄内川は加久藤火砕流堆積物(Kkt：約34万年前)の溶結凝灰岩の上を流れています。関之尾の甌穴は，連結して溝状～樋状のものが多く，おもに溶結凝灰岩の岩盤の節理に沿ってつくられています。甌穴は速い水流で岩盤が削り取られてできたと考えられます。ほかの河川にも甌穴はあるので

図6-10　関之尾の甌穴群

すが，岩盤の固さや水流の強さなど好条件が重なり，ここには世界的な規模の甌穴が広がっています。

エリア6-6　金御岳(かねみだけ)(図6-11)　都城市(1/2.5万地形図　末吉(すえよし)・都城)

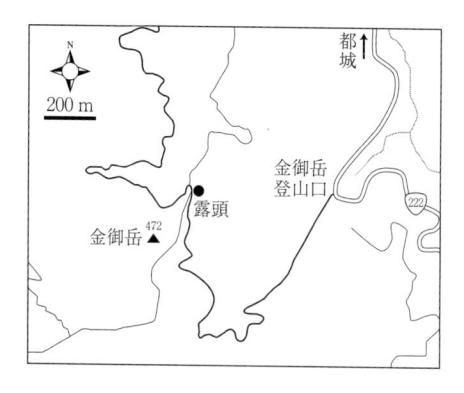

図6-11　金御岳

金御岳山頂近くにあるサシバ館の前には，道路をはさんで駐車場があります。この駐車場の道路脇の崖には，砂岩と頁岩が交互に堆積した砂岩頁岩互層が見られます(**図6-12**)。砂岩頁岩ともに厚さは20 cm以下の薄いもので，全体を見ると砂岩層のほうが厚い感じがします。ここの地層には15°程度の緩い傾斜の断層が見られます。この地層は四万十帯の日向層群に相当し，含まれる微化石から約4 000万年前の新生代中新世のころに堆積したものと考えられています。

金御岳に登る登山口は安久(やすひさ)温泉側と斧研(よっとぎ)側があります。どちらから登っても露頭は多く，砂岩，頁岩，砂岩頁岩互層が見られますが，このうち砂岩が最も多く見られます。

図6-12　駐車場下の砂岩頁岩互層

エリア 6-7　古城橋（図 6-13）　都城市山之口町（1/2.5 万地形図　高城）

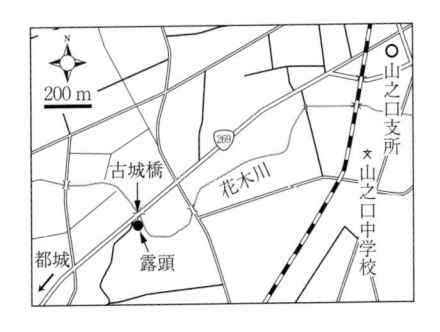

図 6-13　古城橋

図 6-14　都城層（上）と小林火砕流堆積物（下）

　古城橋の南方には，橋より 10 ～ 20 m 高い台地が広がっています。台地の大半はいわゆるシラスと呼ばれる入戸火砕流堆積物でできていますが，この台地を取り巻く道沿いには，より古い地層を見ることができます。

　橋の南詰にある台地への登り道の切土面には，淡褐色の粘土状の層と，これを覆う礫層が見られます（図 6-14）。粘土状層をよく見ると 2 ～ 5 cm の白色軽石が，少しつぶれた形で同じ向きに並んでいます。黄金色に光る鉱物（黒雲母）が含まれていることから，この層は小林火砕流堆積物（小林笠森テフラ Kb-Ks：約 53 万年前）と考えられます。同じ層は，橋から南のコンクリート工場のほうへ向かう道沿いにも，白色の粘土になった層や，白色軽石の目立つ暗灰色の少し堅い層として見られます。

　上位の礫層は直径 1 ～ 2 cm から 20 cm 大の円～亜円礫を主体に構成された不ぞろいな礫層です。礫の表面には酸化鉄の皮膜が見られることがあります。礫は周辺の山地から当時の都城盆地に供給された四万十累層群の砂岩や頁岩で，泥混じりの粗い砂が礫の間を埋めています。この礫層は都城層と呼ばれ，先の小林火砕流堆積物とともに，都城盆地の地下を構成する主要な地層と考えられています。

エリア 6-8　長田峡(図 6-15)　三股町(1/2.5 万地形図　山王原)

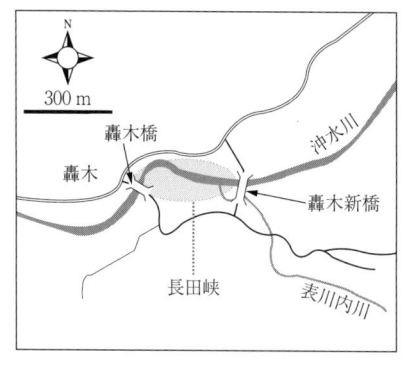

図 6-15　長田峠　　　　図 6-16　長田峡の柱状節理

　峡谷上流側につくられた駐車場から峡谷に向かうと，約 8 m の落差の堰があり，そこから下流側約 800 m の間に，幅 10 m 以内で深さ 10 m 前後の峡谷が発達しています。峡谷に沿って遊歩道がつくられており，遊歩道から柱状節理の発達した峡谷壁と峡谷両側に十数 cm の径のサイズの甌穴が多く観察できます(図 6-16)。また，峡谷の谷壁の一部には上から下に向かい，弱溶結から強溶結へと変化する露頭があります。

　これらの峡谷壁の岩石の成因は以下のように考えられています。入戸火砕流(A-Ito：約 2.8 万年前)が都城盆地一帯に進入し，当時の盆地に流れ込んでいた沖水川の流域も厚く埋積しました。その堆積物は熱と自重のため，下部ほど強く溶結しましたが，冷却に伴って多角形の柱状の割れ目が垂直方向に発達しました。埋積された後に復活した沖水川は，周辺の山々から集めた雨水で，流水の浸食に比較的弱いこの火砕流堆積物を深く浸食して，強溶結部に峡谷を形成したものと考えられます。

　峡谷の右岸には広く発達したかつての氾濫原である河岸段丘があり，人々がこの段丘地形とその地質を利用して生活してきた状況を見ることができます。

　さらに，峡谷の約 2 km 下流側にある中野地区にも，同じ起源の強溶結した入戸火砕流堆積物が 1 m ほどの高さの崖をなしている矢ヶ淵公園があり，その右岸にも広い河岸段丘が観察されます。

エリア 7

── 日南市, 串間市 ──

日南市
串間市

みどころ
- 姶良の火砕流堆積物(シラス)が広く分布し台地をつくる。
- 海岸部には宮崎層群が分布する。
- 日南層群の各種の堆積構造が見られる。

エリア7-1　猪八重渓谷（図7-1）　日南市北郷町（1/2.5万地形図　坂元）

猪八重渓谷では，宮崎層群を観察することができます。

① 涼風橋付近

県道「都城北郷線」の北郷小学校前交差点から北へ4kmほどさかのぼると渓谷入り口の駐車場があり，川沿いに遊歩道が整備されています。遊歩道を進む左手に泥岩の崖が見られます。涼風橋の上流左手の川岸に，層状で凹凸のある地層が見られます。これは砂岩と泥岩の互層です。飛び出したほうが砂岩，へこんでいるほうが泥岩です。

② 1号～2号つり橋付近

1号つり橋から2号つり橋にかけては，渓谷入り口付近とは明らかに地形が異なります。渓谷入り口付近では軟質の泥岩を主体とする地層が分布しているため，谷幅が広く比較的緩やかな地形となっています。

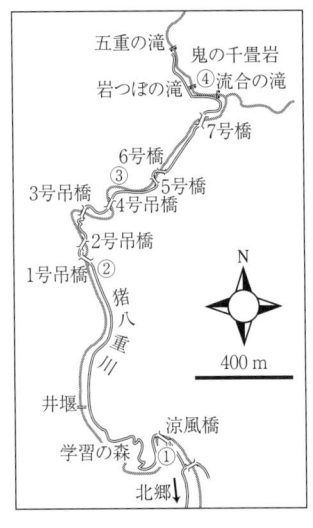

図7-1　猪八重渓谷

これに対し，この付近では，砂岩を主体とする地層が分布しています。砂岩は硬いため，険しい峡谷状の地形が形成されています。このように，地層の硬さの差は，地形にも反映されているのです。

③ 4号つり橋の北

4号つり橋から上流へ約50m進んだあたりで，川の中を覗いてみましょう。流れの緩やかな部分では，水中から小さな天然ガスの泡が出ています（**図7-2**）。このガスは可燃性のメタンガスですから，集めて燃やすことができます。爆発することもあるので火をつけることは非常に危険です。ここでは泡の出る様子を見

図7-2　天然ガスの気泡

るだけにとどめましょう。泡はつねに1か所から出ているのではなく、いくつかの石の隙間から間欠的に出ています。

④ 流合の滝～岩つぼの滝～五重の滝

流合の滝あたりの遊歩道沿いでは、20～30 cmの厚さの砂岩と5～10 cmの厚さの泥岩の互層が見られます。また、二枚貝などの貝化石をまれに見つけることもできます。

岩つぼの滝の直上流は砂岩が一枚岩状に広がって河床を形成し、鬼の千畳岩と呼ばれています。さらに奥へ進み遊歩道が河床に突き当たったところに、五重の滝と呼ばれる階段状の滝があります（**図7-3**）。ここまでの間の河床には、ところどころにこぶし大～人頭大の大きさの甌穴が見られ、中には連結しているものもあります（**図7-4**）。深さも浅いものから少し深いものまでさまざまです。中に小石が数個入っているものも多く見られます。ここの甌穴は水深が浅いことから、勢いよく流下する水が乱れた渦となり、岩盤を削ってできたと考えられます。

図7-3 五重の滝　　**図7-4** 岩つぼの滝上流の甌穴

甌穴は猪八重渓谷のほかにも、宮崎層群の基底部の砂岩など、一枚岩状の岩盤の上を水が勢いよく流れるような場所に多く見られます。都城市にある関の尾滝では溶結凝灰岩にできている甌穴が有名です。また、宮崎市の青島の先端部近くの波状岩や日向市の金ヶ浜付近には海食による甌穴が見られます。

エリア7-2　蜂の巣キャンプ場（図7-5）

日南市北郷町（1/2.5万地形図　坂元）

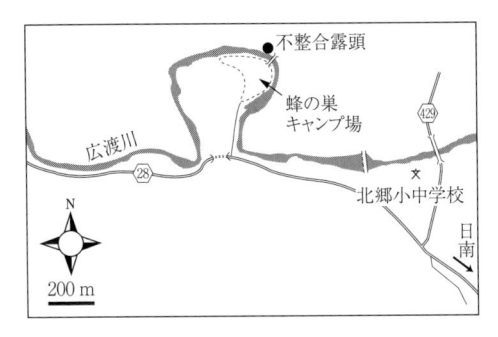

図7-5　蜂の巣キャンプ場

　北郷町郷之原の蜂の巣キャンプ場を中心とした公園一帯は，広渡川がΩ（オメガ）型に屈曲する特異な地形の地域です。ここは日南層群と宮崎層群の境界部に位置しています。日南層群の頁岩地帯を流下してきた広渡川は，ここで，より硬質の宮崎層群の礫岩・砂岩層にぶつかり，流路を曲げられてこのような地形ができたと考えられます。

　日南層群と宮崎層群の境界は，国道のトンネルのすぐ西の河原付近や，公園内で観察できます。公園内では広渡川の対岸に露頭があります（**図7-6**）。鉄製のつり橋のすぐ上流側で，河床部から約1m上までの部分には，日南層群の頁岩優勢互層がほぼ直立して見られます。この日南層群の上を削って宮崎層群の礫岩層や砂岩層がほぼ水平にのっています。基底の礫岩層は直径数～数十cmの多数の円礫でできています。このように，上下の地層の向きや傾き（走向傾斜）が異なる境界を傾斜不整合といいます。

図7-6　線の部分が不整合面

エリア7-3　鵜戸神宮（図7-7）　日南市（1/2.5万地形図　鵜戸）

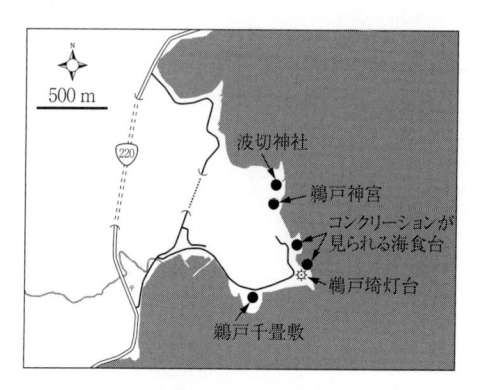

図7-7　鵜戸神宮

鵜戸地区の海岸には宮崎層群が露出しています。この地層は東に10〜20°傾斜し，50〜60 cmの厚さの砂岩と泥岩がリズミカルに繰り返す砂岩泥岩互層が主体ですが，厚さ5 m前後の砂岩層を数枚挟んでいます。このうちの1枚の厚い砂岩層は，鵜戸神宮付近で観察することができます。鵜戸神宮の洞穴の天井はこの厚い砂岩からできています。

鵜戸地区ではさまざまな海食地形が見られます。鵜戸地区から海沿いの道路を東に進むと，右手には「鵜戸千畳敷奇岩」という登録名で県の天然記念物になってる広大な波食棚があり，青島の「鬼の洗濯岩」と同様のものです（**図7-8**）。

図7-8　鵜戸千畳敷（日南市鵜戸）

また，神宮の北側にある波切神社の洞穴は，現在の波打ち際付近に発達した波の浸食による窪地です。一帯の波打ち際付近には波食棚・海食洞などの海食地形が見られます。

現在の海食地形とは別に，海面より高い位置に過去の海食地形が残っています。鵜戸神宮の洞穴はこの付近では最大のもので，海面がいまよりも高くなっ

た縄文海進時での波打ち際につくられた海食洞です。約 1 000 m² の広い洞内には鵜戸神宮の本殿が建てられています。また，この付近の海岸には，現在の波打ち際よりも高い位置に平らに削られた厚い砂岩層が見られます。これは，縄文海進のときの波食棚です。

ここには，硬い砂岩の塊（コンクリーション）を頭にのせたキノコのような形の砂岩の柱が同じくらいの高さに飛び出した，おもしろい風景が見られます。これは，砂岩の軟らかい部分が浸食され，硬い部分が取り残された差別浸食という現象です。

エリア 7-4　猪崎鼻（図 7-9）　日南市（1/2.5 万地形図　油津）

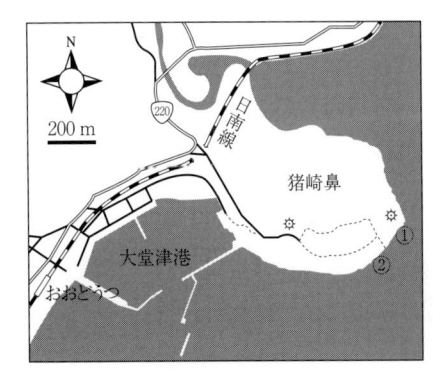

図 7-9　猪崎鼻

猪崎鼻の駐車場から料理店の右の 2 号路を徒歩で 10 分ほど行くと，海岸におりる階段があります。波打ち際ですから引き潮の時間を確かめて行ってください。遠くまで行くときは大潮のときにしましょう。

① 北東の海岸

階段をおり，左（北東）に 30 m ほど進むと，日南層群の頁岩優勢の砂岩頁岩互層の崖が見られます。その互層の上には厚い砂岩層があり，その砂岩層の底部に同じ方向に並んだ流れの跡の流痕（フルートマーク）が見られます（**図 7-10**）。これは砂を運んだ水流の渦が水底の泥をえぐってできたくぼみで，マークの上流側は急にへこみ，下流側に向かってしだいに浅くなっています。

この場所から約50 mほど進むと、砂岩頁岩互層の下部におよそ5 mの厚さの砂岩層が見られます。この地層の横断面には、過去の地震で液状化したときにできたと考えられる、さまざまな模様を見ることができます。

② 南西の海岸

さきほどの階段から右(南西)に約

図7-10 地点①のフルートマーク

70 m進むと、フルートマークが見られる場所があります。その場所の周辺に転がっている砂岩の転石の表面に、当時の生き物の生活の痕跡を示す生痕化石を見ることができます(**図7-11**)。これらは、海底に生活していた生物のはい跡や巣穴、糞などの跡が砂で埋もれて保存されたものです。また、途中の砂岩層の断面には波形に曲がった葉理(コンボルート葉理)を見ることができます(**図7-12**)。これは地震などで地層が液状化を起こして、変形してしまったものだと考えられています。

図7-11 地点②の生痕化石　　**図7-12** 地点②のコンボルート葉理

エリア7-5　小布瀬の滝(図7-13)　　日南市(1/2.5万地形図　尾平野)

日南ダム西方の酒谷川支流に小布瀬の滝がかかっています(**図7-14**)。滝の周辺は遊歩道が整備され、滝の名の由来となった伝説と滝の規模(幅3 m、落差23 m、滝つぼ直径15 m)が記された看板が、市と観光協会の手によって立てられています。

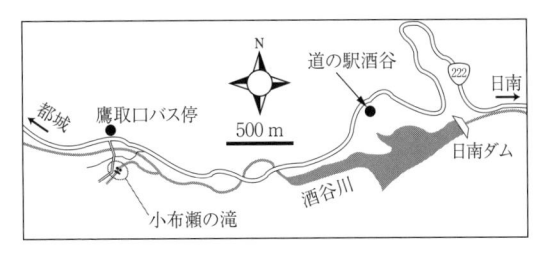

図 7-13 小布瀬の滝

滝壁の地層は入戸火砕流堆積物（A-Ito：約2.8万年前）です。河川は，滝より上流では溶結凝灰岩を溝状に5m前後の深さに削っています。滝はこの河床面から落下しています。上部の溶結凝灰岩には幅の太い柱状節理が見られ，強く溶結していることがわかります。一方，滝口の下の層厚約5mの部分は細かな

図 7-14 小布瀬の滝

節理で，上部より冷却速度がやや速かったと推察されます。それより下の部分は植物が繁茂してわかりづらいですが，層厚4〜5mの溶結が非常に弱い層があり，上の溶結凝灰岩より少しへこんで分布します。

これらの火砕流堆積物の下位には4〜5m厚の礫層が見られ，過去の河床であったことがわかります。さらに下の滝つぼの部分には，基盤の日南層群の黒い頁岩層が顔をのぞかせていますが，多くは上から崩れ落ちた岩屑（崖錐堆積物）に覆われています。

エリア 7-6　大島（おおしま）（図 7-15）　日南市南郷町（なんごうちょう）（1/2.5万地形図　油津）

大島は，南郷の沖合い2.5kmに浮かぶ日南海岸最大の島で，ここでは宮崎層群の地層を観察することができます。

目井津（めいつ）港から1日6往復ある定期船を使って，約15分で渡ることができます。定期船は大島の二つの港に立ち寄ります。はじめに中央部西岸の竹之尻（たけのしり）港，続いて北西部の小浜（おばま）港です。小浜港で船を下りて，港の岸壁を左（北）に向

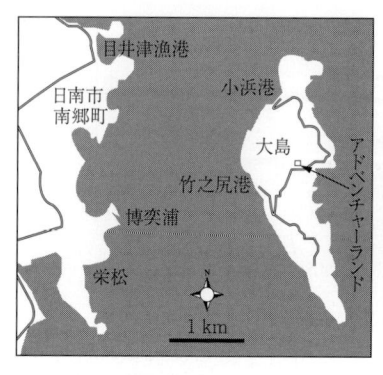

図 7-15 大　島

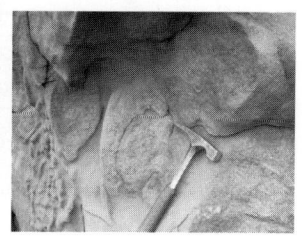

図 7-16 オパキュリナを含む
コンクリーション

かい高い防波堤を越えると，直径50 cmほどの円礫の海岸に出ます。足元に気をつけて約100 m進むと，巨大な砂岩のブロックが海岸に点在しています。

このブロックの中に直径約50 cmほどのボールのような砂岩の固まり（コンクリーション）が密集しています（**図 7-16**）。ボールの中には直径5 mm程度の淡い茶色の斑点が密集するものがあります。斑点は大型有孔虫化石オパキュリナ・コンプラナータです。ルーペで観察すると，平面が見えているときはアンモナイトを小さくしたような渦巻き状の円盤が見え，断面が見えているときは厚さ約0.5 mmの棒のなかにはしご状のしきりが観察できます。オパキュリナは暖かい海底に住んでいた有孔虫で，この化石は新第三紀中新世の示準化石とされています。

この場所でのオパキュリナ化石を観察していくと，ボール状の砂岩の内部にオパキュリナが密集するものや，ボール状の外側の砂岩部に密集するものなどが見られます。

島を縦断する道を歩いて北側に広がる雄大なケスタ地形を眺めつつ，竹ノ尻港に向かう途中のアドベンチャーランドのテラスに置かれた庭石にも，オパキュリナがびっしり入っています。竹ノ尻港では北の海岸に進んでみましょう。こちらは崖から落ちてきた大きな岩に貝化石が密集しています。イタヤガイの仲間などがわずかに形を判断できますが，多くは細かく壊れており，貝殻の破片が集められてできた砂浜の堆積物のように見えます。

エリア 7-7　祇園崎（図 7-17）　日南市南郷町（1/2.5 万地形図　幸島）

図 7-17　祇園崎

図 7-18　道の駅「なんごう」からの景観

① 道の駅「なんごう」

道の駅の北〜北東側には海岸の眺望が開けています（図 7-18）。正面には権現山から先端の観音崎に至る半島部がごつごつした岩肌を見せ，すぐ右隣には腕島の海食洞が見られます。右手奥には大島が，その北側には島や岩礁が列をなして点在します。さらに鵜戸山塊の東斜面も遠望できます。

大島は西側に急斜面を持ち，東側に緩傾斜面を持つ，いわゆるケスタ地形をなしています。山頂部に東へ緩傾斜する宮崎層群の砂岩がのっているためで，地層の硬軟の違いが地形に反映されたものです。よく見ると，そのほかの島々や半島，鵜戸山塊全体も，東へ緩く傾くケスタ地形をしていることがわかります。

② 黒島周辺

道が大きくカーブするあたりから東の海上に黒島が見えます。島の周辺には東へ緩く傾いたテーブル状の岩が南北方向に連続しています。一方，手前の海岸部を見ると，海岸から黒島へ向かう東西方向の地層が見られます（図 7-19）。

黒島と周辺の南北に連続するテーブル状の地層は，宮崎層群の礫岩や砂岩でできています。東西方向の地層は日南層群です。これら方向の異なる地層の境界（不整合面）は海中に没しているためはっきりしませんが，島と海岸のほぼ中間にあると考えられます。

③ 銅島

夫婦浦の集落の南東にある銅島は，大半が宮崎層群の礫岩や砂岩でできています（**図7-20**）。銅島の西海岸では海面すれすれのところに，日南層群の頁岩が見られます。頁岩は砂岩などに比べ軟らかいため浸食されやすく，この部分は波の浸食によって一旦は浅い海底となり，島が形成されたと考えられます。その後，ここに砂が堆積して砂州が形成され，陸側と繋がっていわゆる陸繋島になったと考えられます。

図7-19 宮崎層群（奥）と日南層群（手前）

図7-20 銅 島

④ 夫婦浦トンネル東の岩場

トンネルのすぐ北側から，海岸へ通じるやや急な歩道をおりていくと，小さな神社（八坂神社）があります。ここから南へ向かって森の中を進むと，海に向かって緩く傾く広い岩場に出ます。岩場の面はほぼ宮崎層群の層理面で，厚い砂岩と礫岩で構成されています（**図7-21**）。砂岩

図7-21 宮崎層群の基底礫岩と砂岩

中には円礫を層状に含む部分があり，下部ほど礫が増え礫岩層になります。これは宮崎層群の最下部にあたる基底礫岩です。礫の種類はおもに砂岩や頁岩ですが，白や灰色のチャートも見られます。このことから宮崎層群が堆積した当時は，陸地にチャートを含む地層（おそらく秩父帯）が露出し，河川を通じてこの海にチャート礫を供給していたと考えられます。ここには上の崖から落ちてきた砂岩の巨大な転石も多く，いろいろな生痕化石を観察できます。

⑤　八坂神社北の海岸

八坂神社から石段を降りて海岸を北へと進みます。海岸には大小の転石がごろごろしており，干潮時には日南層群が露出します。

（a）**生痕化石**　転石は宮崎層群の砂岩などが多く，表面にミミズのような膨らみやハチの巣のような凹凸模様が見られることがあります。これらは底生生物の巣穴や食事の跡などの生痕化石です。

（b）**荷重痕・流痕**　崖や水際に露出する地層は日南層群で，厚さ数〜数十 cm 単位の砂岩頁岩互層です。ここの砂岩層には，荷重痕や流痕を見ることができます（図 7-22）。荷重痕や流痕は砂岩の底面にできる底痕の仲間で，地層の上下判定に役立ちます。

この付近の層理面は北側へ急傾斜していますが，これらの底痕が傾斜している面の上側に見られるので，地層が地殻変動によって上下逆転してしまっていることがわかります。

図 7-22　荷重痕

（c）**葉理・漣痕**　祇園崎の突端に，数 cm 以下の薄い頁岩層を挟む厚い砂岩層があります。砂岩層の断面には，層理に平行した細かいしま状の模様（平行葉理）や緩い波型の模様（カレントリップル葉理）などが見られます（図 7-23）。葉理（ラミナ）は地層の堆積当時の水流によって形成される構造です。カレントリップル葉理は砂岩の層理面では，漣痕（リップルマーク）として見られます（図 7-24）。

図 7-23　葉理

図 7-24　漣痕

エリア 7-8　舳海岸(図 7-25)　串間市(1/2.5 地方図　幸島)

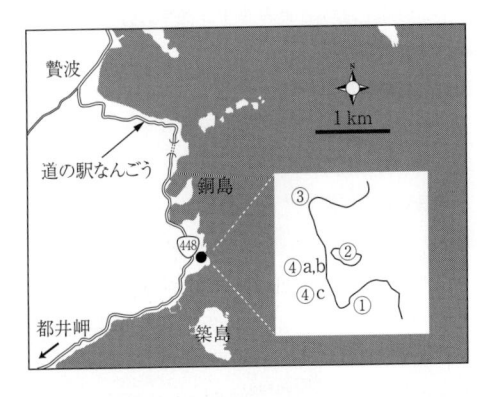

図 7-25　舳海岸

ワシントニアパームの林の中ほどに，磯に至る細い道があります。歩いて数分で海岸に達します。

① 入り江南の露頭

海に向かって南側に，宮崎層群の崖が見られます(図 7-26)。この崖の下部には直径 30 cm 程度の円礫が集まってできた礫岩層が見られます。礫岩層は上に向かって礫の直径が小さくなり量も減ります。礫岩層の上位は厚い砂岩が層をなしています。この礫岩層は宮崎層群の最下部にあたり，基底礫岩と呼ばれています。

図 7-26　南の露頭

② 入り江中央の岩礁

この岩礁はおもに宮崎層群の地層でできており，上部は層状の砂岩層が東に向かって緩やかに傾斜しています(図 7-27)。その下部には直径 50 cm ～ 1 m の巨礫を含む礫岩層(基底礫岩層)が見られます。礫岩層の下には日南層群の砂岩頁岩互層が北東に急角度で傾斜しています。このように，凹凸のある面を境にして上下の地層の様子や堆積した時期が大きく異なることを不整合といい，境を不整合面といいます。

③ 入り江北の露頭

崖の下部は②で見たものより頁岩層の厚い，日南層群の砂岩頁岩互層です（**図7-28**）。上位は不整合面を境として宮崎層群の礫岩層と砂岩層が見られます。ここの礫岩層は，礫が少なく直径も小さくなっています。

図7-27 入り江中央の岩礁

図7-28 入り江北の露頭

④ 入り江中央の露頭

入り江中央の海岸の日南層群の地層にはさまざまな模様が見られます。

（**a**）**フルートマーク**　海底に残された水流の跡を流痕といいます。流痕の中で下部の泥が未固結時に激しい流れの渦で掘り込まれ，その上に流れによって運ばれてきた砂が堆積してできたものを，特にフルートマークといいます（**図7-29**）。昔の流れの方向（古流向）を調べるのに利用しています。写真では右から左に流れています。

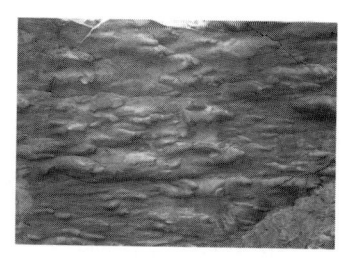

図7-29 フルートマーク

（**b**）**火炎状構造**　泥の上に砂が堆積した後，不均一な力がかかると重い砂層が泥層を流動させてできたものと考えられています（**図7-30**）。このような構造を荷重痕と呼んでいます。特に，動いた泥層が炎のような構造をしているものを火炎状構造と呼んでいます。

（**c**）**皿状構造**　積み重ねた皿を横から眺めたような模様が，砂岩の断面に見られます（**図7-31**）。これは堆積物が未固結状態のとき，上部からの荷重により脱水する過程で生成されたものと考えられています。

図7-30 火炎状構造　　　　　　　**図7-31** 皿状構造

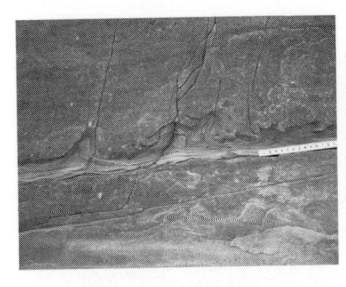

エリア7-9　黒井海岸(くろい)（図7-32）　串間市（1/2.5万地形図　都井岬(といみさき)）

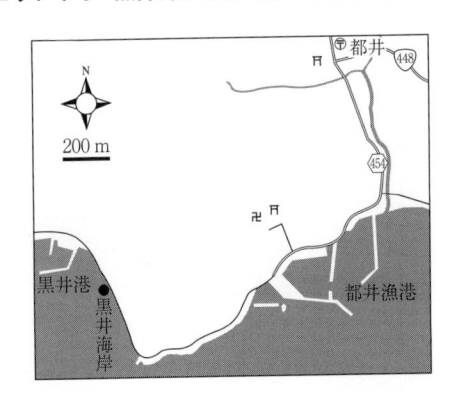

図7-32 黒井海岸

都井漁港から約1.5km黒井に向けて進むと，海岸に薄い砂岩と厚い頁岩からなる砂岩頁岩互層が見られます。海岸は波の力で水平に浸食された地形（波食台）です。ここの地層は四万十帯の日南層群にあたり，複雑な褶曲構造を観察するができます（**図7-33**）。

また，ここの沖合いの瀬はトセンバエと呼ばれ，玄武岩質火山岩類（緑色岩類）の枕状溶岩でできています。日南海岸において枕状溶岩を観察できるのはここだけです。

図7-33 黒井海岸の褶曲

エリア 7-10　都井岬毛久保（け く ぼ）（図 7-34）　串間市（1/2.5 万地形図　都井岬）

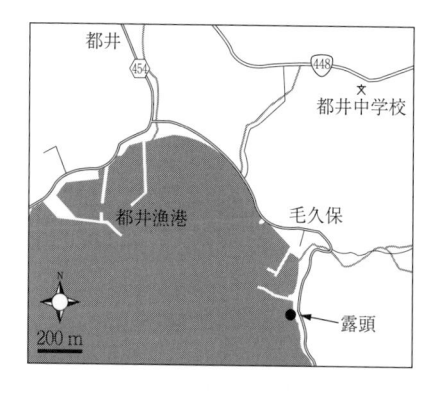

図 7-34　都井岬毛久保

毛久保集落から都井岬に行く海岸沿いの道を 500 m ほど進むと，毛久保港の堤防南側の海岸に出ます。大潮の干潮時には，10 cm 程度の厚さの砂岩層や頁岩層からなる砂岩頁岩互層が瀬として現れます。この地層は日南層群の地層です。

この瀬での互層の向きや傾きをよく見ると，向きや傾きの異なる数 m サイズの互層が集められた特異な構造が観察できます（図 7-35）。また，海岸の南には数 m の砂岩層を伴った砂岩頁岩互層が見られます。断片のサイズは違いますが，ここにも同じような構造が観察できます。この地域一帯は走向傾斜の異なる地層のブロックが集まった場所だと考えられます。先ほどの数 m の砂岩層には二枚貝の化石や生痕化石が含まれています。

このように，地層がブロック状に壊れる原因は，ある程度固まっている地層がより深い海底に滑り落ちるときに小さく壊れたものと考えられます。

図 7-35　不規則な地層群

地層が滑り落ちた原因として，「都井岬の地層はもともと約 2 000 万年前に陸側プレートの上にあった浅い海に堆積した地層で，海洋プレートの沈み込み

により陸側プレートが引きずり込まれ、その上に堆積していた都井岬の地層は不安定になり、小さな断片に割れながら深いところまで崩れ落ちた。」と考える研究者もいます。

エリア 7-11　赤池渓谷(図 7-36)　串間市(1/2.5 万地形図　園田)

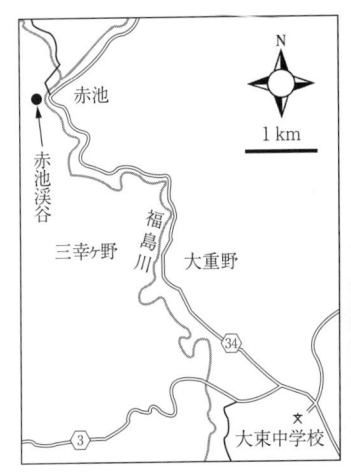

図 7-36　赤池渓谷　　　　**図 7-37**　柱状節理と甌穴

滝の上流側の川原におりてここの岩石を見ると、灰白色の溶結凝灰岩の中に数 cm のレンズ状の黒い黒曜石が入っているのが観察されます。これは、姶良カルデラから噴出した入戸火砕流堆積物(A-Ito：約 2.8 万年前)です。ここのキャンプ場から中州に渡る橋の上から周囲の崖を見ると、幅約 1 m 程度の柱状節理が観察できます(**図 7-37**)。川原には、幅 10 〜 40 cm、長さ 30 cm 〜 1 m の細長い溝状の甌穴が見られます。これらは水流の浸食でできた複雑な形のくぼみがいくつも繋がったものと考えられ、くぼみの壁や底は磨かれてつるつるしています。

Ⅲ. 地層ガイド

1. 秩父帯

宮崎県北東部に分布する地層群で，九州で最も古い岩石が見られます。白岩山付近を通る白岩山衝上断層によって，北側を黒瀬川帯，南側を三宝山帯に分けています（**図Ⅲ-1**）。秩父帯の南に分布する四万十帯とは，仏像構造線によって境されています。秩父帯の地層は，大部分が北東－南西の走向をもち，北側に傾斜しています。

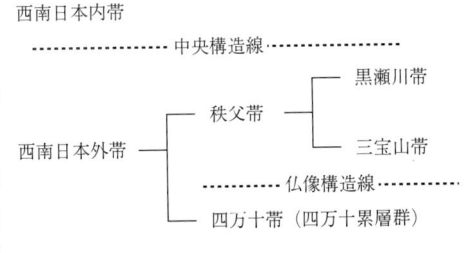

図Ⅲ-1 地質構造区分

1.1 黒瀬川帯

およそ4.5～1億年前の間に形成された，以下のさまざまな地層や岩石が，断層に境されながら分布している地域です。断層に沿って，蛇紋岩が分布しているところもあります。

① 鞍岡火成岩

〔**岩石**〕 花こう岩～花こう閃緑岩からなり，その一部は圧力を受けて圧砕花こう岩になっています。

〔**分布**〕 五ヶ瀬町鞍岡の冠岳から祇園山，中登山を通り，高千穂町二上山に至る地域に広く帯状に分布し，白滝や揺岳でもレンズ状に分布しています。

〔**年代**〕 絶対年代（K-Ar法）でおよそ4億5千万年前で，九州で最も古い岩石です。アジア大陸の一部と考えられています。

② 祇園山層

〔岩相〕 石灰岩,砂岩,凝灰岩からなり,石灰岩には床板サンゴや三葉虫,腕足貝などの化石を含んでいます。

〔分布〕 五ヶ瀬町祇園山,中登山付近の鞍岡火成岩の南に,断層に囲まれてレンズ状に分布しています。

〔年代〕 産出するサンゴ化石などは,古生代シルル紀～デボン紀を示しています。

※ 中登山(ちゅうのぼりやま)付近では石炭紀のウミユリなどの化石も見つかっています。

③ ペルム紀付加体

〔岩相〕 泥質岩を主体として砂岩,チャート,玄武岩類,高圧低温型の変成岩,石灰岩などの大小の岩体が混在する地層です。

〔分布〕 五ヶ瀬町三ヶ所西方の鏡山(かがみやま)から津花峠(つばなとうげ)北方の枡形山(ますかたやま)にかけて分布します。

〔年代〕 主体となる泥質岩は約2.5億年前(ペルム紀後期)に堆積したもので,これよりやや古い約2.6億年前(ペルム紀中期)のチャートを含んでいます。

④ ジュラ紀付加体

〔岩相〕 泥質岩を主体として砂岩,チャート,玄武岩類,石灰岩などの大小の岩体が混在する地層です。

〔分布〕 椎葉村と熊本県境の椎矢峠(しいやとうげ)からスキー場のある向坂山・白岩山を通り,五ヶ瀬町鞍岡の揺岳,高千穂町皿糸周辺などに分布しています。

〔年代〕 主体となるのは約1.5億年前(ジュラ紀後期)の泥質岩で,この中にこれより古い約2.5億年前(ペルム紀後期)の石灰岩や約2～約1.5億年前(三畳紀～ジュラ紀)のチャートなどを含んでいます。

〔産出化石〕 特に石灰岩からは古生代ペルム紀のフズリナ・四放サンゴ・巻貝などの化石が発見されています。高千穂町皿糸(さらいと)・塩井(しおい)の字層では,ペルム紀のフズリナ化石を含む石灰岩(岩戸層)と貝化石を含む三畳紀の石灰岩(上村層(かむら))が接して分布し,古生代と中生代の境界(P-T境界)の露頭として話題になりました。また,白岩山の石灰岩にもペルム紀の化石を含んでいます。

⑤ 浅い海で堆積した地層(浅海成堆積物)

〔岩相〕 泥岩,砂岩,砂岩泥岩互層,礫岩からなり,①～④の地層の上に

断層で境されて分布しています。

〔**分布**〕 五ヶ瀬町久保, 高畑, 津花, 大石, 戸川, 坂本, 高千穂町田原などに点在しています。

〔**年代**〕 場所によって約2.4億～約1億年前(三畳紀～前期白亜紀)にかけての異なる年代の地層が見られます。

〔**産出化石**〕 二枚貝, アンモナイト, シダなどの化石を産しています(図Ⅲ-2)。

図Ⅲ-2 アンモナイト化石(五ヶ瀬町)

1.2 三宝山帯

構成岩石, 堆積期間, 分布の異なる二つの地層群に分けられています。いずれも付加体の堆積物と考えられています。

① ジュラ紀付加体

〔**岩相**〕 層状のチャート, 砂岩, 泥岩, 砂岩泥岩互層を主体として, それらが繰り返しています。

〔**分布**〕 白岩山衝上断層の南で, 県境の椎葉村烏帽子岳, 扇山, 胡摩山, 高千穂町天香山, 日之影町見立にかけて帯状に分布しています。

〔**年代**〕 微化石から約1.5億年前(ジュラ紀)の泥岩や約2.4億年前～約1.5億年前(三畳紀～ジュラ紀)のチャートを含むことがわかっています。

② 前期白亜紀付加体

〔**岩石**〕 石灰岩, チャート, 玄武岩質火山岩類, 泥岩, 砂岩が混在して分布しています。

〔**分布**〕 ジュラ紀付加体の南, 仏像構造線との間に帯状に分布しています。

〔**年代**〕 約1億年前(前期白亜紀)の泥岩の中に, 約2億年前(三畳紀後期)の石灰岩や約1.6億年前(ジュラ紀)のチャートなどを含むことがわかっています。

〔**特徴**〕 日之影町見立, 高千穂町向山, 諸塚村黒岳, 椎葉村時雨岳付近の石灰岩からは約2.2億年前の厚歯二枚貝メガロドンの化石が発見されています(図Ⅲ-3)。メガロドンはサンゴ礁に囲まれたラグーンの中に生息し, 大きいも

図Ⅲ-3 メガロドン化石(日之影町)

のは40 cm以上に達すると報告されています。高千穂町向山で小学生が発見し，話題になりました。また，この石灰岩分布地域には鍾乳洞がところどころで見られます。日之影町の七折鍾乳洞，高千穂町の柘の滝鍾乳洞は天然記念物に指定されています。県内最大の鍾乳洞は，椎葉村仲塔(なかとう)のもので，大学の洞窟探検部の調査によると総延長およそ2 kmの距離を持つと思われます。

2. 四万十帯(しまんとたい)

仏像構造線の南東側の地域は四万十帯と呼ばれ，延岡衝上断層を境界にしてさらに北帯と南帯に大別されます(**図Ⅲ-4**)。ここには，堆積年代の異なる四万十累層群，宮崎層群などが分布しています。四万十累層群は，宮崎県側の九州山地，鰐塚山地，南那珂山地に見られます。これは，おもに砂岩と泥岩からなり，ときに玄武岩質火山岩類(緑色岩類)を伴っています。四万十累層群の泥岩は力を受けたため，薄く細かく割れやすい性質があります。このような泥岩を特に頁岩と呼んでいます。さらに力を受けたものは粘板岩，千枚岩と呼ばれます。

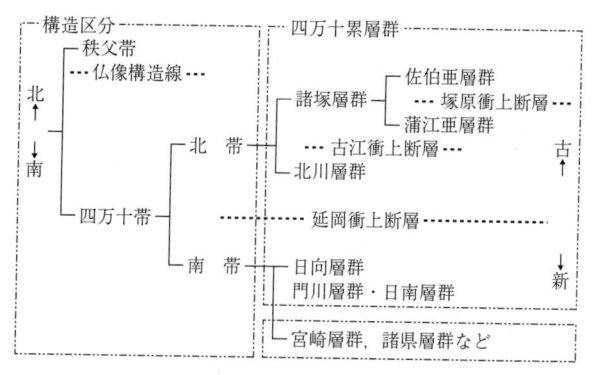

図Ⅲ-4 四万十帯の構造区分

2.1 北帯の四万十累層群

北帯を構成する地層群は，全体として北東-南西の走向を持ち，北西に傾斜しており，約 1 億～約 4 千万年前(中生代の前期白亜紀の後期から新生代の古第三紀始新世)にかけて堆積した地層です。

北帯はさらに諸塚層群と北川層群に区分され，その境は古江衝上断層です。

2.1.1 諸塚層群

諸塚層群は岩相と堆積した年代によって，北側に分布する佐伯亜層群と，南側に分布する蒲江亜層群とに区分されます。その境界は塚原衝上断層です。それぞれの層群単位の中では，南東側にある地層ほどより古い時期の堆積物です。また，諸塚層群は，尾鈴山の西側と高岡山地とに飛び地のように四万十累帯の南帯の中に分布しているのが特異です。

① 佐伯亜層群

〔岩相〕 おもに砂岩の層からなり，砂岩頁岩互層や頁岩層を伴う地層群です。砂岩は粗粒のものが多く，ときに礫岩が入っています。礫の中には石灰岩が含まれていることがあります。砂岩頁岩の薄い互層には生痕や漣痕が見られ，この互層が堆積したときの環境を推測することができます。

〔分布〕 日之影町からえびの市にかけて帯状に分布しています。

〔年代〕 約 1.3 億～約 7 千万年前(前期白亜紀の後期～後期白亜紀)に堆積しました。

② 蒲江亜層群

〔岩相〕 千枚岩，片状砂岩，千枚岩砂岩互層からなり，玄武岩質火山岩類(緑色岩類)を伴い，ときにチャートをはさむ地層群です。この玄武岩質火山岩類には枕状溶岩が多く見られます。また，この岩石の分布に伴って，層状含銅硫化鉄鉱の鉱床(例えば槇峰鉱山)が見られることがあります。

〔分布〕 佐伯亜層群の南側に帯状に分布します。特に玄武岩質火山岩類(緑色岩)は延岡市北方町の ETO ランド・北川町の森谷谷・延岡市黒仁田などで見ることができます。

〔年代〕 約 7 千万年前(後期白亜紀)に堆積しました。

2.1.2 北川層群

〔岩相〕 黒色粘板岩,砂岩頁岩互層,砂岩,頁岩からなり,ところによっては大きく褶曲した地層が見られます(図Ⅲ-5)。延岡市長井付近には黒色千枚岩を主とし,枕状溶岩および火山砕屑岩並びに赤紫～淡緑色の粘板岩が分布しています。

〔分布〕 延岡市北部や旧北浦町に分布し,蒲江亜層群とは古江衝上断層で接し,四万十累層群南帯とは延岡衝上断層で接しています。延岡市東海海岸,安井,白浜,熊野江,阿蘇などの海岸や島野浦島で見ることができます。

図Ⅲ-5 延岡市安井海岸の褶曲

〔年代〕 約6.5～4千万年前(最後期白亜紀～古第三紀中期始新世)に堆積しました。

2.2 南帯の四万十累層群

南帯の四万十累層群は,宮崎県北西部に分布する約4～2.5千万年前(古第三紀中期始新世～漸新世)に形成された日向層群と,県南東部に分布する2.5～2千万年前(漸新世～中新世初期)に形成された日南層群に区分しています。門川町庵川には日南層群と同じ時期に堆積したと考えられる門川層群が分布しています。

2.2.1 日向層群

日向層群では,著しくせん断された黒色の泥岩の中に,石英脈やちぎれた砂岩のブロックを含むせん断泥質岩の地層群が,諸塚層群との境界である延岡衝上断層の南に分布しています。その南には泥岩を主体とした地層群と砂岩を主体とした地層群が,北東－南西の走向と北方向の傾斜をもって,交互に繰り返し帯状に配列(覆瓦構造)しています。

① せん断泥質岩の地層群(神門層または荒谷層と命名)

〔岩相〕 黒色の泥質岩の中に,石英の白色の薄いレンズがしま模様に見える特徴ある岩石です。黒色の泥質岩は魚の鱗のように剝がれているように見えま

す(鱗片状へき開)。ときにレンズ状の砂岩を取り込んでいます。これは地層がせん断を受け壊れたことを示します。この地層には玄武岩の枕状溶岩および玄武岩の火山砕屑岩をはさんでいることから，海溝付近の沈み込みの場所で形成されたと考えられています。

〔**分布**〕 延岡衝上断層の南に分布し，延岡市東海海岸，諸塚村荒谷，美郷町南郷区弓弦葉，小林市本屋敷などで見られます。玄武岩の枕状溶岩は美郷町南郷区阿切(鬼神野の美石群)，美郷町西郷区大斗の滝付近で観察できます。

〔**年代**〕 泥岩から産する放散虫化石から約4千万年前(中〜後期始新世)と推定されています。

② 砂岩を主体とした地層群

〔**岩相**〕 砂岩と砂岩泥岩(頁岩)互層が交互に堆積した地層からなります。この地層の上部には，放散虫化石を含む赤紫〜淡緑色の凝灰質頁岩層(赤色頁岩)をはさんでいます。

〔**分布**〕 延岡市から南西方向に野尻町まで，ここで南に方向を転じ，都城を通って串間市まで分布しています。この地層は浸食に強く，延岡の愛宕山，美郷町の珍神山などの山を形成していることが多く，さらに木城町の祇園滝や西米良村の布水の滝などが作られています(図Ⅲ-6)。

〔**年代**〕 約3.9〜約3千万年前(後期始新世〜前期漸新世)と推定されています。

図Ⅲ-6 木城町の祇園滝

③ 泥岩を主体とした地層群

〔**岩相**〕 ②の厚い砂岩主体の地層群よりも北側では，鱗片状へき開の発達した泥質岩の中に砂岩，砂岩泥岩互層，頁岩などのブロックを含む地層，南側では塊状泥岩と砂岩頁岩互層が主として見られます。

〔**分布**〕 延岡市から南西方向に野尻町まで，ここから南に方向を転じ，都城を通って串間市まで分布しています。

〔**年代**〕 泥岩から産する放散虫化石から，約4千万年前〜約3千万年前(中期始新世〜前期漸新世)と推定されています。

2.2.2 日南層群

　日南層群では，広域的に見ると，堆積物や時代の異なるさまざまな大きさの整然とした層理を持つ大きな岩塊と，乱雑な層理を持つ泥質岩が雑然と配列しています。走向方向に連続性の乏しい岩相分布や変形構造のため，全体の地質構造をつかむことが難しい地帯になっています。大きな岩塊(大きいものは10 kmを超す)には以下の二つの種類が認められ，大規模な海底地すべり(オリストストローム)の堆積物ではないかと考えられています。北郷町から串間市にかけて分布しています。生痕化石，堆積構造とも観察できる場所として，日南市猪崎鼻，南郷町祇園崎，串間市市木の海岸などが挙げられます。

【大きな岩塊】

① 深海性堆積物

〔岩相〕 おもに砂岩泥岩互層からなり，しばしば礫質堆積物，砂岩，砂岩泥岩互層，塊状泥岩へと上に行くにしたがって細粒化し，地層の厚さが薄くなるサイクルが200〜500 mの間隔で繰り返されています。砂岩頁岩互層には底痕や漣痕などの堆積構造や生痕化石が観察されます(図Ⅲ-7)。

〔分布〕 日南市の猪崎鼻，祇園崎など

〔年代〕 約4〜3千万年前(古第三紀中期始新世〜前期漸新世)の深海性のものを含む微化石が産出しています。

図Ⅲ-7 祇園崎の生痕化石 パレオディクティオン

② 浅海性堆積物

〔岩相〕 軟体動物化石，生痕化石，海緑石などを含む砂岩からなり，砂岩層には斜交層理がしばしば観察されます。砂岩頁岩互層には底痕，漣痕，皿構造，火炎構造などの堆積構造が観察されます。

〔分布〕 串間市の都井岬，高畑山，小崎など。

〔年代〕 北九州の芦屋層群から産出する化石群と同じ化石を産するため，約3千万年前(古第三紀漸新世)と考えられています。

【乱雑な層理を持つ泥質岩】

〔**岩相**〕 泥岩と砂岩からなり，泥岩には鱗片状へき開が観察され，(イ)泥岩にはさまれている砂岩にはひきちぎれたような形状のブーディン構造，(ロ)泥岩中には丸い砂岩が取り込まれた形のようなボール・アンド・ピロー構造，(ハ)小規模な海底地すべりのために地層の重なり状況が壊れずに曲がっただけのスランプ褶曲など，未固結状態のときに流動して生じたと考えられる変形が観察されます。

2.2.3 門川層群

〔**岩相**〕 含礫泥岩や褶曲した泥質岩からなり，貝化石を産しています。
〔**分布**〕 門川町 庵川漁港周辺に分布します。
〔**年代**〕 約3千万年前(前期漸新世)の浮遊性有孔虫化石を産し，日向層群の中で最も新しい時代の地層とみなされています。

3. 宮崎層群

〔**分布**〕 南は日南・串間地域の鵜戸山塊，中央部は宮崎平野全域に広がり西は田野，高岡，綾まで，北は川南，都農付近までに分布します(図Ⅲ-8)。

〔**岩相**〕 宮崎層群の最下部(基底部)はほぼ全域で四万十累層群や尾鈴山酸性岩類を不整合に覆って，礫岩(基底礫岩)・砂岩が分布しています。基底部より上位では地域により三つの「岩相」に区分できます。

日南市を中心とした南部は「青島相」と呼ばれ，大島や鵜戸神宮などの厚い砂岩と日南海岸から青島にか

図Ⅲ-8 日向灘より青島・宮崎平野を望む

けての鬼の洗濯岩を構成する強く固結した規則的な互層が主体となっています。宮崎市付近は「宮崎相」と呼ばれ，互層が主体ですが，砂岩や泥岩それぞれの厚さが増加します。砂岩の固結度は青島相のものより弱く，ときには泥岩より砂岩のほうが軟らかく，砂岩層がへこんで見えることもあります。西都市

以北は「妻相」と呼ばれ、固結のさらに弱い泥岩主体の地層が中心となります。

〔年代〕 宮崎層群の堆積年代については、有孔虫などの微化石や火山灰による年代分析などから新第三紀中新世中期〜前期更新世(こうしんせい)(1000〜150万年前)とされています。宮崎層群は、全体がほぼ同じ時代に堆積したわけではなく、日南方面が最も古く、北部ほど新しい時期に堆積したことがわかってきました。

〔環境〕 貝化石の構成は、沿岸の砂泥に生息するイタヤガイ類・ヤツシロガイ類、内湾の砂泥に生息するサルボウ類・スダレガイ類などが中心であり、宮崎層群が沿岸から内湾にかけて深さを変化させながら堆積したことがわかります(図Ⅲ-9)。宮崎層群が堆積した中新世の終わりごろには大変暖かい時期があり、田野・高岡に堆積する約700〜600万年前の地層からは、造礁サンゴ化石や熱帯性の巻貝ハシナガソデガイ化石が見つかっています。約300万年前あたりから地球規模の気温低下が始まりましたが、宮崎層群の堆積する終末期の約200〜150万年前の川南周辺の地層からは、暖海性の貝化石が多数産出しています。

図Ⅲ-9 宮崎層群産のイタヤガイ類化石

宮崎層群の地層名について

宮崎層群は1960年代に九州大学の首藤次男先生によって詳細な調査研究が行われ、上記の三つの相(青島相、宮崎相、妻相)を6累層19部層に区分して地層の名前をつけました。このときの地層名は「宮崎層群〇〇層〇〇部層」とされています。その後、1980年代に当時の通商産業省の地質調査所(現:産業技術総合研究所地質調査総合センター)が宮崎周辺の詳細な地質図を作成したときに、地層の名前を「宮崎層群〇〇層」に整理しました。このほか、県南の古い地層や児湯地区の新しい地層を宮崎層群から分離して、新しい地層群を提案している研究者もいます。地層は研究の視点によって岩相、成因、時代などさまざまな区分の仕方ができるため、研究者によって名前が変わることがしばしばあります。このように研究者によってさまざまに提案された宮崎層群の地層名ですが、本書では地質調査所発行の地質図の地層名を使用しています。

4. 諸県層群
　　　もろ　かた

　第四紀(259万年前〜現在)になって九州山地の隆起が開始されると，当時の大陸棚の斜面(前弧海盆)に堆積していた宮崎層群も隆起に転じ，基盤の四万十累層群とともに宮崎県の骨格を形成します。陸域となった宮崎層群や四万十累層群の凹地を埋積した加久藤火砕流堆積物(Kkt：約34万年前)より古い地層を，まとめて諸県層群と呼びます。諸県層群は小林笠森火砕流堆積物(Kb-Ks：約53万年前)を境に，下部層(仮屋層)と上部層(野尻層)に区分されます。

　宮崎平野におけるこの時代の堆積物(諸県層群・通山浜層など)については，研究者によって見解が異なり名称や層序にも諸説あります。例えば諸県層群は「四家層・久木野層」などと呼ばれることもあります。

① 仮屋層

〔**分布**〕　宮崎市南部の田野町を中心とする盆地とその周辺部や，宮崎市街地の西側にあたる高岡町から野尻町(紙屋盆地)にかけて分布しています。

〔**岩相・環境**〕　田野盆地では礫層を主体としていることから，大部分は河川流路の堆積物と考えられ，中部に見られる海成のシルトや砂層は一時的に海水が河川沿いに浸入してできた入り江のような環境の堆積物と考えられています。

　紙屋盆地の東部地域(高岡町など)では礫層に富み，河川流路の堆積物と考えられています。また西部地域(野尻町など)では泥層に富み，沼沢地や後背湿地の堆積物と考えられています。

〔**年代**〕　仮屋層は四万十累層群や宮崎層群を不整合に覆い，小林笠森テフラ(Kb-Ks：約53万年前)に覆われています。また県央北部(児湯地域)にも，この地層に相当するものや，さらに古いと考えられるいくつかの地層も含みます。

② 野尻層

〔**分布**〕　宮崎平野と九州山地の境界部である，野尻町久木野，綾町二反野，国富町法華岳，西都市長谷観音や，木城町椎木，小丸川河口〜都農川河口の海食崖などに断片的に分布します。

〔**岩相・環境**〕　野尻，綾方面では厚い亜角礫の礫層があり，西方では砂，シルト，粘土を主体とします。礫層は河成の堆積物で，砂〜粘土は後背湿地か湖

沼の環境下での堆積物と考えられています。木城から都農にかけての海岸部に分布する野尻層では，下部は砂礫層からなる河川流路の堆積物，中部は砂・シルト層からなる河成～海成の三角州性堆積物，上部は砂礫層からなる流路沿いの河成～三角州性の堆積物と考えられています。

〔**年代**〕野尻層は仮屋層を覆う堆積物で，基底に小林笠森テフラ(Kb-Ks：約53万年前)があり，最上部には加久藤テフラ(Kkt：約34万年前)が見られます。

> ...... **通山浜層**（とおりやまはま）
>
> 　宮崎平野には宮崎層群を不整合に覆い，上部を段丘堆積物に覆われる未固結～半固結の堆積物が知られています。基底に近い部分では淘汰の悪い礫が多く，上位では砂礫，砂，泥の割合が多くなります。また，植物片や貝類の化石を含むことがあります。
>
> 　この堆積物は当時の谷を埋めた河成～海成の堆積物からなり，宮崎平野の川南町から小丸川流域，新富町日置，西都市都於郡，宮崎市広原，池内などにかけ，東西方向に間隔をあけて複数の帯状に分布しています。
>
> 　海岸や川に近い崖に多く見られるこれらの地層は，これまで「通山浜層」という名前で呼ばれていました。しかし，最近の指標テフラ研究の進展に伴って，いわゆる「通山浜層」は，大きく加久藤テフラ(Kkt：約34万年前)を境に，下位を諸県層群，上位を中位段丘の三財原段丘下部層に分けられるようになりました。ただ，まだ十分細分化の研究が進んでいない地域もあることから，この本では通山浜層と表記することもあります。

5. 段　　　丘

宮崎平野には，高さの異なる多くの平坦面が見られます。平坦面の広がりはさまざまですが，急な崖を境にして，ちょうど階段のようになったこの地形を「段丘」，平坦面を構成する地層を「段丘堆積物」と呼びます。

平坦面(段丘面)は，その昔河床や氾濫原(はんらんげん)であったり，浅海底であったりした場所です。九州山地が上昇したり，海水面が下がったりして，それまでの河川が持っていた浸食力が増大します。このため，河床は深く削られ，海岸線は遠

ざかってもとの河床や海底の一部は少し高い位置に取り残されます。こんなことが氷期と間氷期のサイクルの間に何度も繰り返されて，現在の地形が形成されていきました。

段丘は平坦面の高度や面を覆う火山灰層(テフラ)などによって区分されます。一般に古い段丘ほど高い位置にあり，覆われる火山灰層も多種類になります。段丘は形成された時期によって，以下の四つに区分しています。また，段丘は宮崎平野だけでなく，県内各地の河川沿いの地域などにもつくられています。

① **最高位段丘**

中期更新世中ごろ(78～30数万年前)かそれ以前に形成された河成段丘で，形成後の長期間の浸食により平坦面がはっきりせず，小さい丘状の地形になっています。

おもな段丘：東原(ひがしばる)段丘(34万年以前，河成)
　　　　　　野尻(のじり)段丘(約34万年前，河成)

なお，尾鈴山地の小丸川沿いでは山地斜面や丘陵地の高い場所に，より古いと考えられる平坦面が断片的に見られますが，さまざまな成因が考えられることから，これらは段丘という用語を使わずに，まとめて「椎原面群(しいばる)」と呼ばれています。

② **高位段丘**

中期更新世後半(三十数万～13万年前)に形成された段丘で，高岡町西方の「久木野(くぎの)」などには，平坦な面が比較的よく残っています。西都市北方の「茶臼原(ちゃうすばる)」では，かつての複合扇状地が段丘化し，丘状に浸食されつつあります。

おもな段丘：久木野段丘(33～24万年前，河成)

　　　　　　茶臼原段丘(約24万年前，河成(扇状地性))

③ **中位段丘**

後期更新世前半(13～7万年前)に形成された段丘で，平坦面もよく残っています。この期間には地球規模での海水準の変動が生じ，海進と海退が続けて起こりました。これによって形成された海成段丘が日本列島に多く残されています。当時の海岸線の高さを復元することで，日本列島の地殻変動の様子が明らかにされました。宮崎平野では海成段丘の面の高さが南に行くほど高くなっています。このことから，この時期以降，宮崎平野では南東部の隆起量が多く

北西部は少ないような隆起運動が起こっていると考えられています。

　おもな段丘：三財原段丘(14～10万年前，海成～河成)
　　　　　　　馬場段丘(11～10万年前，河成)
　　　　　　　新田原段丘(11～9.5万年前，河成～海成)
　　　　　　　唐瀬原段丘(約9万年前，河成(扇状地性))
　　　　　　　西都原段丘(9～8万年前，河成)

④ 低位段丘

　最終氷期(7～1万年前)には海面は大きく低下していきました。2～1万年前には最大の海退が起こり，海面も大きく低下しました。この海退に伴いいくつかの段丘が形成されました。

　縄文時代には温暖化したため，海は現在の内陸部まで進入しました。その後，寒冷化して海は退き，現在に至っています。この海退の際に最も低い段丘群が形成されました。

　おもな段丘：清水段丘(7～5万年前，河成)
　　　　　　　岡富段丘(5～4万年前，河成)
　　　　　　　雷野段丘(約4万年前，河成)
　　　　　　　豊原Ⅰ・Ⅱ段丘(約4万年前，河成(扇状地性))
　　　　　　　大淀段丘(4～3万年前，河成)
　　　　　　　深年Ⅰ・Ⅱ段丘(2～1.5万年前，河成)
　　　　　　　三日月原Ⅰ・Ⅱ段丘(8千年前，河成(扇状地性))
　　　　　　　下田島Ⅰ・Ⅱ・Ⅲ・Ⅳ段丘(5～1.6千年前，河成)

6. 加久藤層群

　約11万年前，加久藤盆地には「古加久藤湖」が存在していました。この古加久藤湖に流れ込んだ土砂や火山の噴出物が堆積したものが加久藤層群で，その地層の特徴から四つの層に分けることができます。それぞれ観察しやすい場所の名前がついており，下の層(古い層)から池牟礼層，昌明寺層，溝園層，下浦層という名前がついています。2005年9月には加久藤盆地からナウマンゾウの化石も発見されています。

① 池牟礼層

〔岩相〕 加久藤層群の最下位にある半固結の地層で，暗灰色の粘土層が主体です。ボーリング調査によって下部に暗灰色の凝灰岩を伴っていることが判明しています。

〔分布〕 盆地南部の池牟礼付近では粘土層が主体で，盆地北部の木場田では砂が混じってきます。昌明寺層に不整合で覆われています。

〔年代〕 下部の暗灰色凝灰岩が阿多火砕流堆積物であることから，約11万年前と考えられます。

〔環境〕 主体の粘土層中から，クスノキなどの植物の化石が産出するので，暖温帯の森に囲まれた砂や泥の溜まる湖だったと考えられています。

② 昌明寺層

〔岩相〕 クレンザー状の細かい火山ガラスからなる半固結で，層理のない灰白色火山灰砂層（シラス質砂）が主体です。軽石や池牟礼層の粘土塊を含み，上部になるほど細粒化するとともに，軽石が密集して不規則な形の塊が見られます。これは水面に浮遊して風などで集められた軽石が水を吸って湖底に沈んだもので，しだいに整合関係で溝園層に移り変わっています。層の厚さは十数m程度です。

〔分布〕 当時の加久藤湖は盆地の西部にのみ広がっていたと考えられ，地層は盆地の西半分におもに見られます。

〔年代〕 この層を構成する火山灰は約5万年前の岩戸火砕流だと考えられています。この地層は幣田層と呼ばれることもあります。

〔環境〕 ガラス質の火山灰が主体であることや軽石が密集していることから，加久藤湖に直接火山噴出物が流れ込んで堆積したものと考えられます。この地層の中部にツガなどの植物化石が産出するので，冷温帯の気候であったと考えられています。

③ 溝園層

〔岩相〕 バームクーヘンのように細かい葉理が発達した暗青灰色の軟弱な泥岩が主体です。砂層や白色の火山灰層を含んでおり，水平なしま模様を形成しています。一部に泥炭層をはさみ，埋もれ木の化石を見つけることもできます。昌明寺層を整合に覆い，厚さは一般に十数m程度で，長江川沿いでは厚く分布しています。場所によっては，しま模様が曲がった複雑な構造も見るこ

とができます。東端部では礫層や砂層をはさむところもあります（**図Ⅲ-10**）。

〔**分布**〕 加久藤盆地の全体にわたって分布し，中央部では昌明寺層を整合で覆います。盆地東端の有島，佐牛野，菖蒲ヶ野付近では，下位の火山岩類を不整合で覆っています。

図Ⅲ-10 曲がったしま状の葉理

〔**年代**〕 指標となる火山灰層をはさみませんが，溝園層から産出した炭化木材や植物化石の分析年代値は約3.2万年前を示しています。

〔**環境**〕 地層の分布からこの時期の加久藤湖は盆地全体に水をたたえていたようで，粘土が多いことなどから比較的穏やかな環境が続き，ツガ，マツなどの植物化石が採取されることから冷温帯〜亜寒帯の気候であったと考えられています。

④ **下浦層**

〔**岩相**〕 軽石を含む火山灰質の粗粒砂からなる，未固結で軟弱な地層で，礫層や礫質砂層を伴います。水平な葉理や，斜交葉理が見られます。軽石も散在し，ときに層状に密集しています。層の厚さは約30m程度です。

〔**分布**〕 加久藤盆地全域で広く分布。高度300m内外の丘陵を作って厚く堆積し，溝園層を整合で覆います。

〔**年代**〕 この層は加久藤盆地内だけに分布し，盆地外の入戸火砕流堆積物に連続的に変化していくので，入戸火砕流の年代である約2.8万年前と考えられます。

〔**環境**〕 各種の葉理が見られることは水中堆積の目印です。地層の分布が最も広いことから，この時期に古加久藤湖は最も大きかったと考えられています。化石はあまり存在しませんが，入戸火砕流の噴出した時期は最終氷期で寒冷であったとされています。

7. 沖積層

最後の氷河期が最大であった約1.8万年前,当時の海水面は現在よりも80〜140mも低くなり,海岸線は沖合に移動しました(海退)。海退時には河川の浸食力が大きくなります。そのため海岸近くの陸地(陸棚)には大小の河川や谷が発達し,山地から運搬された砂礫がこの時期の海岸近くに堆積しました。逆に気候が温暖になると内陸に海岸線が入り込み(海進),河川の浸食力は弱くなり,堆積が始まります。

約1万年前から始まり約7〜5.5千年前に最盛期を迎えた「縄文海進」がありました。縄文海進期には海岸線が現在よりも陸地側に深く進入していたので,河川で供給され続けた砕屑物が海退時につくられた河川や谷の跡,さらには低い段丘などを徐々に埋積してしまいました。縄文海進後は,海退速度が速くなったり遅くなったりしながらも,海岸線は現在の位置にまで後退しつつ,河川から運ばれる砂や泥などを堆積しました。この最後の海退の最中には,海岸近くの海底はすでに埋積されて浅くなっており,河川の近くには小規模な湖沼や湿地帯などの地形もつくられていたと考えられます。現在の海岸部近くの陸地で見られるこうしてできた一連の堆積物の地層を沖積層と呼びます。この地層で構成されたやや広い低地を沖積平野といいます。

沖積平野の地下では,埋積された河川や谷および段丘は埋積谷,埋積段丘などと呼ばれ,ボーリング調査を行うと多くの場所で埋積前の地形が検出されます。また,埋積される段階で成長途中の植物が当時の湖沼などに堆積させられると,酸素を絶たれた状況下で炭化され,現在ではピート(泥炭)として見出されます。

沖積層はこのほかにも,山間部の河川沿いや盆地などの低地を構成しています。一般的に沖積層は新しい泥や砂が重なって軟弱なため,地下水など水分を多く含む地域や沖積層が厚い地域では,地震による大きな揺れや液状化現象などが起こることがあり,それらへの対策が必要でしょう。

① 砂浜海岸・礫浜海岸

沖積平野の海岸側に,海岸流や潮流および波浪によって運搬された漂砂が海岸線に平行に堆積させられ,砂浜や沿岸州・砂丘がつくられることがあります。宮崎市一ツ葉海岸や延岡市長浜海岸などの砂浜海岸が良い例です。さら

に，海岸から沖合に向かって傾斜がやや急であると，漂砂が蓄積されず，代わりに近くの河川から吐き出された礫が海岸線に打ち上げられ，波浪で丸く摩耗された礫で構成される礫浜が作られます。美々津から高鍋にかけての海岸が礫浜の良い例です。

② 河成段丘

海岸線が大きく後退すると，河川の水はその分，海岸線からの標高差が大きくなるため，浸食する力が強くなります。このため河川による下刻作用がそれまで以上に働き，その当時の河川流路の高さから一段低い新しい流路が山麓地につくられます。この際，残された前の河床が，新しい河川流路に沿って，一段高い平坦な地形を作ります。これが河成段丘(河岸段丘)と呼ばれるものです。

③ 一ツ葉の砂丘列

陸地から運搬された砂泥のうち，泥の部分は洗われて沖合に運び去られ，おもに砂の部分が海岸流や潮の干満による流れや波浪によって，海岸近くの沖で岸と平行に堆積されます。海退によって海岸線が沖合に移動すると沿岸砂州が顔を出し，これを核として沿岸流や潮流によって集められた砂が堆積し，砂丘をつくります。大きな河川の河口近くの沖合では，沿岸砂州と呼ばれる砂丘の前段階が現在でもつくられています(**図Ⅲ-11**)。大淀川から一ツ瀬川の間の海岸沿いに南北に走る，一ツ葉の砂丘の列があります。縄文海進後の海退時に繰り返しつくられた砂丘が列をなしたもので，細かい砂粒からなる沖積層の例です。陸

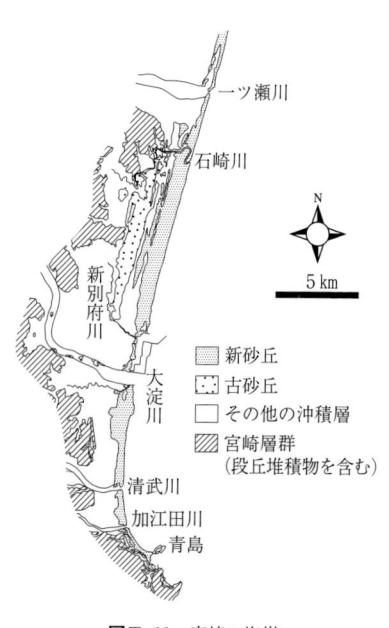

図Ⅲ-11 宮崎の海岸

側の砂丘ほど古く，海側の砂丘ほど新しいのですが，砂丘列のでき方は複雑であり，個々の砂丘がつくられた後でもその海側の一部が暴浪などで浸食されていたりしています。村角や阿波岐原付近の道路を西から東に進んで行くと，アップダウンを何度か繰り返します。

例えば，宮崎東小学校の東側の低地から小学校が建てられている砂丘の高さを観察してみてください。また，隣り合う砂丘列の間の低いところには昔，ヨシなど湿地を好む植物が繁茂していました。ごく最近までは田んぼに利用されていたり，荒れ地のままでしたが，圃場(ほじょう)整備が進んだため，湿地であったことがわからなくなっています。江田川の最奥やフェニックスゴルフ場の西側の低地にわずかにその痕跡を見ることができます。

④ 宮崎市街地の低地

縄文海進終了後の海退期には，砂丘列の陸側にあった谷や低地に，大淀川や八重川など昔の大小河川によって運搬・供給された砕屑物あるいは火山噴出物などが徐々に堆積していき，干潟や入り江，沼地や湿地などがつくられていきました。さらに，河川から一層の砕屑物が供給され続けると，干潟や入り江，沼地や湿地は，そこに繁茂した植物の遺骸とともにつぎつぎと埋められ，消失していきました。こうしてできた広い低地が陸化してできたのが，宮崎市の市街地などの低地です。

また，この当時，河口近くが浅くなったため，そこでは河川は蛇行したり網状に枝分かれしながら流路を繰り返し大きく変化させ，氾濫時にはその当時の両岸に自然堤防や後背湿地などをつくり出しました。10号線より東側の市街地では，江平から権現町を通り吉村町に向かう道路が，昔の河川流路に沿う形にカーブしてつくられています。

IV. 火山ガイド

1. 県内のおもな火山

　日本列島は火山列島であるともいわれます。北海道から九州の太平洋側に,南西諸島まで細長く,日本の背骨にあたる部分のいたるところに火山が分布し,火山フロントと呼ばれています。九州島も北から阿蘇,霧島,桜島と現在も活動中の火山に加えて,加久藤,姶良,阿多,鬼界といった,かつて大規模に活動した火山のなごりをとどめるカルデラ地形が,列をなして存在します。

　このように火山が列をなして集中するところの多くは,太平洋の周縁部に帯状に分布しています。なぜ,火山は列をなして分布するのでしょうか。

　アジア大陸のプレートの南東端に位置する宮崎県付近では,日向灘の南東方向からフィリピン海プレートが北東に向かって進んできてぶつかり,九州の下にもぐり込んでいます(**図IV-1**)。プレートのダイナミックな運動により,地下約130 km付近で海洋プレートから絞り出された水分によって,上部マントルを構成する岩石の融点が下がり,マントル中の溶けやすい成分が融解してマグマがつくられます。発生したマグマは密度が小さいため,地表に向かって上昇

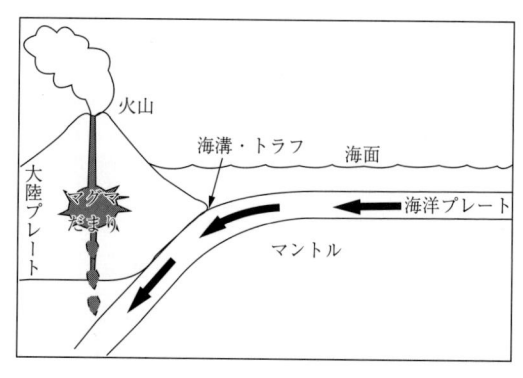

図IV-1 火山のでき方

し，地下数 km あたりにマグマだまりをつくります。この後，マグマだまりからマグマが上昇すると，地表での火山活動が開始されます。この現象の起こる場所が海溝やトラフ（舟状海盆）と平行に分布することから，火山フロントが形成され，霧島から南西諸島に至る，南北に列をなす複数の火山ができています。

1.1 祖母山・傾山・大崩山

　祖母山，傾山には火山活動で形成された凝灰岩や溶岩が分布し，大崩山には深成岩である花こう岩が分布しています。また，大崩山を取り巻くように花こう斑岩からなる環状岩脈が分布しています。これらの岩石は同じマグマの活動によるものと考えられ，大崩山火山-深成複合岩体と呼んでいます。また，円筒形の陥没構造を持つ古いカルデラの地上部分が，浸食されてなくなってしまった火山地形をコールドロンといいます。この地域には祖母山・傾山・大崩山の三つのコールドロンが存在します（**図Ⅳ-2**）。

図Ⅳ-2　東より見た大崩山

〔**生い立ち**〕
① 祖母山コールドロンの形成
　祖母山付近にあった火山が多量の噴出物を放出したため，カルデラが生じ，長い年月をかけて浸食されたものと考えられています。
② 傾山コールドロンの形成
　続いて，傾山・本谷山地域にあった火山が多量の噴出物を放出しました。
③ 祖母山コールドロン内の火山の再活動
　祖母山コールドロンの中央部分にいくつかの成層火山を形成したとと考えられています。

④ 大崩山コールドロンの形成

　大崩山を取り巻く環状岩脈(リングダイク)の活動が起こり，大崩山から離れた高千穂町五ヶ所高原の国見岳付近では，火砕流台地を形成したと考えられています。この活動は祖母山から大崩山にかけての最後の火山活動です。この環状岩脈の形成によって環状岩脈の分布の中心に広範囲の陥没地形が生じたと考えられています。

⑤ 大崩山花こう岩の形成

　大崩山のコールドロンの地下にあった巨大なマグマだまりが，ゆっくりと冷却して花こう岩体ができました。その後，地表が隆起して浸食されてゆき，地下深くにあった巨大な花こう岩体の一部が露出したものが現在の大崩山の本体です。大崩山山頂には当時のマグマだまりの天井にあった堆積岩が熱で変成を受けて，堅くなったホルンフェルスになっています。

〔岩相と分布〕

傾山・本谷山地域　本谷山の南斜面では，降下火山灰による凝灰岩とその上位に火砕流堆積物の溶結凝灰岩が見られます。溶結凝灰岩は本谷山から傾山を経て杉ガ越にかけても見られます。これらの岩石はデイサイト質で祖母山付近にあった火山の活動の噴出物です(生い立ち①の活動)。この火砕流堆積物を覆って無斑晶流紋岩の溶岩流，さらにその上にデイサイト質の凝灰角礫岩や溶結凝灰岩が見られます(生い立ち②の活動)。

祖母山地域　地域一帯には斑状の灰色の安山岩質溶岩が見られます。このほか，四季見原一帯や惣見の滝付近には黒色の無斑晶の安山岩質溶岩があり，四季見原近くの愛宕山には淡い緑色のデイサイト質の溶結凝灰岩が見られ，祖母山と障子岳付近には祖母山地域の最後の活動となる黒っぽい無斑晶安山岩溶岩が見られます(生い立ち③の活動)。

行縢山・比叡山などの環状岩脈(リングダイク)　延岡市北川町の森谷谷，延岡市可愛岳，行縢山，北方町比叡山，日之影町矢筈岳，丹助山，上野岳，高千穂町焼山寺山などに連続して分布する岩脈です。これらは，おもに花こう斑岩と少量の珪長岩とタフィサイトで構成されます(生い立ち④の活動)。

高千穂町五ヶ所国見岳周辺　五ヶ所の崩野峠付近には，淡い黄褐色の流紋岩質の溶結凝灰岩が見られます(生い立ち④の活動)。

大崩山地域　大崩山と日之影町飯干地域には，大規模な花こう岩体が分布

します。これを底盤(バソリス)と呼びます(生い立ち⑤の活動)。花こう岩体は組成の変化から角閃石黒雲母花こう閃緑岩，角閃石黒雲母花こう岩，黒雲母花こう岩などに分けることができます。これらの深成岩体の周辺にある四万十累層群の砂岩や頁岩は熱変成を受け，黒雲母などの鉱物を含むホルンフェルスに変化しています。

〔**年代**〕 大崩山の花こう岩を分析すると，およそ1400万年前を示しています。活動全体は約100万年続いたと推定されています。

祖母山や傾山は古い火山が浸食されてできた山で，火口は残っていません。大崩山は隆起した地下のマグマだまりが浸食されたものを見ているわけですから火口はありません。

1.2 尾鈴山 —尾鈴山をつくった火山活動—

宮崎平野の北に位置する尾鈴山は，美しい瀑布群で有名です(**図Ⅳ-3**)。また，日向市東方に位置する「馬ヶ背」は，切り立った柱状節理の断崖で知られる県内有数の観光地です。「馬ヶ背」のある日向市一帯から南西に位置する尾鈴山にかけて，火山活動によってできた「尾鈴山酸性岩類」と呼ばれる岩石が分布しています。この岩石は木城町石河内にある木城花こう岩類とまとめて，尾鈴山火山-深成複合岩体と呼

図Ⅳ-3 尾鈴山瀑布群 矢研の滝

ばれています。現在の尾鈴山は火山の噴出物でできていますが，火山そのものではありません。

〔**生い立ち**〕 約1500万年前に日向市東方にあった火山で，大規模な噴火が起こりました。噴火当初，火口付近では火道を形成しながら，吹き上げてきた火山角礫岩が堆積しました。その後，粘り気のあるマグマから激しい噴火が起こり，空高く噴煙柱が立ち上がりました。それらが高い温度を保ったまま重力で地上に落下して周辺に火砕流として広がり，溶結凝灰岩の大地を形成しました。同じような火山活動が2回あり，その違いが溶結凝灰岩の構成鉱物に認められます。

これらの溶結凝灰岩を貫いて花こう閃緑斑岩が分布しています。この岩石は地中で冷えて固まりました。火山体は浸食されており，火口などは確認できません。

〔**岩相**〕 尾鈴山は激しい噴火で，はじめに火山角礫岩が堆積し，そのつぎに火砕流が冷えて固まった溶結凝灰岩が堆積するというセットが2サイクルあります。噴火の初期に堆積した火山角礫岩は，2回とも当時の基盤の砂岩や泥岩などの角礫や円礫などを含んでいます。

1回目の活動でできた溶結凝灰岩Ⅰは流紋岩質で，灰～暗灰色で硬く外来岩片を多く含みます。

2回目の活動でできた溶結凝灰岩Ⅱはデイサイト質で，Ⅰよりもやや色が濃く，青灰～黒灰色のガラス質に見えます。一方，美々津花こう閃緑斑岩（半深成岩，一部溶岩）がこれらの火砕流堆積物を貫いています。また木城花こう閃緑岩が，基盤岩である日向層群に接触変成作用を与えています。地中にあった貫入岩や深成岩を現在見ることができるのは，この地域が傾いて隆起した後に侵食を受けたためです。

〔**分布**〕 溶結凝灰岩Ⅰ，Ⅱは遠見山半島，尾鈴山，木城町を結ぶ三角形の範囲に分布しています。これの中央部に美々津花こう閃緑斑岩が南西から北東方向に帯状に分布します。この帯の向きと火口があった場所は同じ線上にあります。

火山角礫岩Ⅰ（層厚50m）と火山角礫岩Ⅱ（層厚40m）の露頭は狭い範囲でしか見ることができず，日向市の細島半島南部と門川町庵川付近に分布しています。また，溶結凝灰岩を取り巻くように，木城花こう岩類（花こう閃緑岩）が岩脈状に細長く分布しています。

〔**年代**〕 年代はK-Ar法により約1500万年前という値が得られています。この時期は新生代新第三紀中新世で，同時に大崩山や市房山も活動しています。

1.3 市房山・天包山

宮崎・熊本の県境にある市房山付近では，おもに熊本県側に市房山花こう閃緑岩と命名された深成岩が分布します。宮崎県側にもわずかに花こう閃緑岩を見ることができますが，市房山山頂には熱変成を受けた変成岩を見ることがで

1. 県内のおもな火山

きます。これは四万十累層群日向層群の堆積岩がマグマの熱によって砂岩や泥岩がホルンフェルスに変成したものです。

これとは別に天包山には村所花こう斑岩が貫入しています。なお，米良三山の一つに数えられる石堂山はおもに堆積岩でできた山です。

① 市房山花こう岩類

〔岩相〕 市房山を構成する岩体は中粒～細粒の黒雲母花こう閃緑岩です。部分的には微細な黒雲母，電気石，ペグマタイトの小さな晶洞を持つところがあります。石英・長石・黒雲母などの結晶が小さいことから，浅いところでの貫入岩体と考えられます。また，四万十累層群起源の砂岩や頁岩などの捕獲岩を多く含んでいるところもあります。

〔分布〕 宮崎県内では矢立開拓や江代山などの地域に分布しています。

〔年代〕 生成時代は新生代中新世で，放射年代でおよそ1 400万年前と報告されています。

② 村所花こう斑岩

〔岩相〕 カリ長石の3～5 cmの大きな斑晶が特徴的な花こう斑岩で，ほかに斜長石，石英，黒雲母などを含んでいます。

〔分布〕 西米良村の木浦南部から天包山，西米良中学校を通り，児原稲荷の南まで，北北東から南に延長10 kmにわたり小岩体で分布しています。

〔特徴〕 アンチモニンの鉱床を伴っており，過去に採掘されたことがあります。

〔年代〕 放射年代でおよそ1 400万年前と報告され，尾鈴山火山-深成複合岩体と関連があると考えられています。

1.4 霧島火山群

霧島火山群は宮崎・鹿児島両県にまたがり，韓国岳(1 700 m)，高千穂峰(1 574 m)，中岳，新燃岳，飯盛山，白鳥山，甑岳，夷守岳，大幡山，御鉢，二子石などの山体や御池，白紫池，不動池，六観音池，大浪池，大幡池などの火口湖を有する大小20あまりのさまざまな形をした火山の集まりです(図Ⅳ-4)。

霧島火山群には，はっきりとした大きな火口を持つ小型の成層火山が多く，砕屑丘，溶岩ドームなど多様な火山地形を観察できます。さながら「火山の

図Ⅳ-4 南から見た高千穂峰

博物館」といった様相で，四季を通して堂々とした姿を私たちに見せてくれています。古くから，その姿は霊峰として信仰の対象となり，絵画や文芸などの芸術のモチーフになったり，四季折々の花々や温泉などを楽しむ人々の憩いの場となってきました。

霧島火山群は1934(昭和9)年に全国で最初の国立公園に指定され，1964(昭和39)年に桜島，錦江湾，屋久島地域を加え「霧島・屋久国立公園」となりました。その後2012(平成24)年3月16日には屋久島が「屋久島国立公園」として独立し，霧島火山群に姶良カルデラを加えた「霧島錦江湾国立公園」となっています。2010(平成22)年9月には日本ジオパークに認定されました。

図Ⅳ-5 2011年1月27日の新燃岳噴火

ここは，豊かな動植物を育む穏やかな一面と，いまなお活動を続ける活火山であるという危険な一面をあわせ持つ地域でもあります(**図Ⅳ-5**)。

以下では，霧島火山群の成り立ちについて紹介します。多数の噴火で噴き出し宮崎県を覆った火山灰については，Ⅳ章2節の「火砕流堆積物と火山灰層」を見てください。

霧島火山群の形成史

霧島火山群が本格的な活動を始めるのは，おおまかに日本列島の形ができあがった第四紀に入った約30万年前からです(**表Ⅳ-1**)。

1. 県内のおもな火山　155

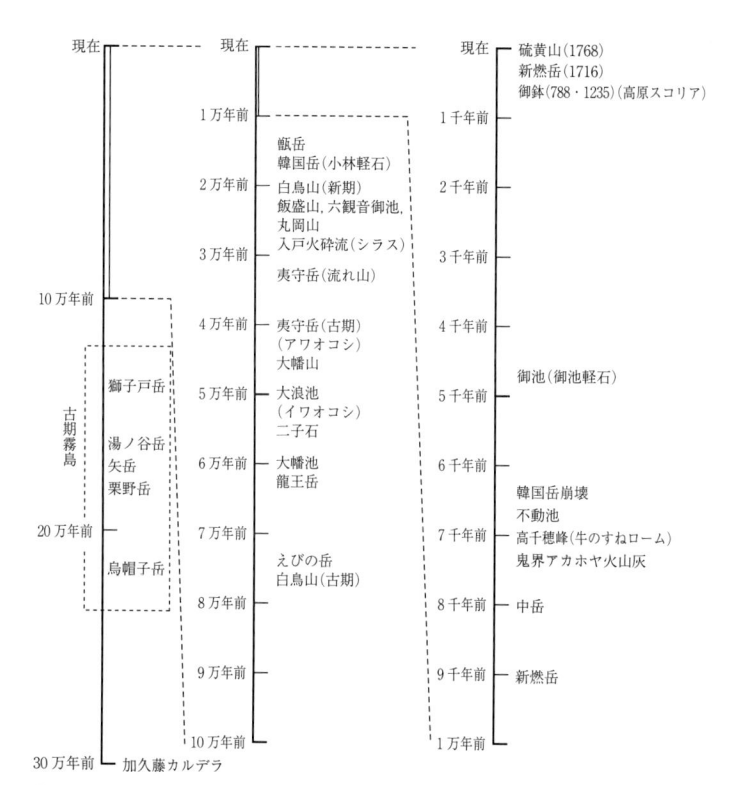

現在	現在	現在	
			硫黄山(1768)
			新燃岳(1716)
			御鉢(788・1235)(高原スコリア)
	1万年前	1千年前	
		甑岳	
		韓国岳(小林軽石)	
	2万年前	2千年前	
		白鳥山(新期)	
		飯盛山,六観音御池,	
		丸岡山	
	3万年前	入戸火砕流(シラス)	3千年前
		夷守岳(流れ山)	
10万年前			
	4万年前	夷守岳(古期)	4千年前
		(アワオコシ)	
		大幡山	
獅子戸岳			
湯ノ谷岳	5万年前	大浪池	5千年前	御池(御池軽石)
矢岳		(イワオコシ)	
栗野岳		二子石	
	6万年前	大幡池	6千年前
		龍王岳	
			韓国岳崩壊
			不動池
20万年前	7万年前	えびの岳	7千年前	高千穂峰(牛のすねローム)
		白鳥山(古期)	鬼界アカホヤ火山灰
烏帽子岳	8万年前		8千年前	中岳
	9万年前		9千年前	新燃岳
	10万年前		1万年前	
30万年前 — 加久藤カルデラ			

火山の活動期については，霧島火山地質図，地質調査所(井村・小林2001)に基づいている
テフラの噴出年については，新編火山灰アトラス(町田・新町2003)に基づいている

表Ⅳ-1　霧島火山群の活動タイムスケール

〔30万年前〜10万年前〕

　霧島火山群のうち最も古い火山は，栗野岳，烏帽子岳，湯ノ谷岳，矢岳，獅子戸岳などがあります。これらは，古い火山なのでいずれも浸食を受け，山体がなだらかで火口の形もはっきりしません。栗野岳，湯ノ谷岳を起源とする古い岩石を栗野安山岩類と呼んでいます。

〔10万年前〜1万年前〕

　10万年前ごろを中心に獅子戸岳，白鳥山の主体部，えびの岳などの安山岩

類で構成される火山が活動します。

約4万5千年前には、大浪池が大噴火しました。大浪池は、火口湖ですが、「池」という名前のまま火山の名前にも使用します。大浪池の噴火では、大粒の軽石が大量に噴出して宮崎平野をはじめ、西都、高鍋、川南などにも堆積しました。この軽石層はお菓子の「おこし」に似ていることから、「イワオコシ」と呼ばれています。

約4万年前ごろから夷守岳が長い間活動して、大浪池のものより小粒で色の赤黒いスコリアを広い範囲に堆積させました。これらは「アワオコシ」と呼ばれています。この活動の間に夷守岳は、大規模に山体が崩れ落ち「流れ山」と呼ばれる地形を作りました。その後も活動は続き、現在の夷守岳の形にまで成長したと考えられています。この時期、霧島火山帯では多くの火山がつぎつぎと噴火して、現在の霧島の原型をつくっていきます。南東部では龍王岳、その南に二子石（地元では二つ石と呼ばれている）、北東部では大幡山などがつくられました。

約2.8万年前、鹿児島県の錦江湾にある姶良カルデラが南九州全域を火砕流で埋め尽くし、ほぼ日本全土に火山灰を堆積させるような大噴火を起こしました。

その後、姶良カルデラの大爆発に刺激されたかのように、えびの高原周辺の六観音御池、白紫池（いずれも火口湖）、甑岳、東部の丸岡山、北西部の飯盛山など大小さまざまな火山が活動します。大規模なものでは、韓国岳が約1.8〜1.5万年前にかけて活動しました。特に約1.6万年前の大噴火では大量の軽石を宮崎平野方面に堆積させました。これは「小林軽石」と呼ばれています。

〔1万年前〜現在〕

韓国岳の形成後、新燃岳と中岳がつくられます。

新燃岳は縄文時代はじめの約9千年前、江戸時代の1716〜1717年などに繰り返し活動しており、2013年現在でも活発に活動しています。2011年1月には約300年ぶりのマグマ噴火を起こし、大量の火山灰や噴石、空振で被害を及ぼしました。

中岳は火口が粘り気の少ない溶岩で埋まってしまい、台地の形をしています。

約7300年前には、鹿児島県屋久島の北西にあった鬼界カルデラが大噴火を

起こし，九州のほぼ全域に「アカホヤ」と呼ばれるオレンジ色の火山灰を堆積させました。

この時期，霧島では古高千穂峰が活動しており，この山を起源とする「牛のすねローム」（地名に由来）と呼ばれる暗青灰色の硬く砂質の火山灰が，アカホヤを挟んで山を取り巻くように堆積しています。古高千穂峰は，すぐ北西にできた高千穂峰に大半を埋められてしまいますが，火口の一部だけが残っています。高千穂峰の溶岩は，粘り気が強く，火口を埋めて盛り上がった溶岩の山頂が独特の姿をつくっています。

アカホヤ火山灰の堆積した後，えびの高原周辺では，不動池（火口湖）が噴火しました。

不動池の噴火の後，韓国岳は成層火山の北西斜面の中腹で，激しい水蒸気爆発とともに山体が崩壊し，現在のえびの高原をつくる扇状地を形成しました。

約4600年前には，御池が噴火しました。御池はマールと呼ばれる形の火山で，直径1km，深さ100mの霧島最大の火口湖を持っています。御池の噴火は霧島火山群最大のもので，一般的な噴火で見られる軽石や火山灰の降下だけでなく，ベースサージと呼ばれる地面を走る爆風により，周囲のあらゆるものを破壊し巻き込んだ形跡のある堆積物が見られます。御池の噴火では，南東の方向に大量の軽石が堆積し「御池軽石」と呼ばれています。

約2500年前に御鉢が，高千穂峰の西斜面で活動を始めました。西暦788（奈良時代延暦7）年や1235（鎌倉時代文暦2）年に，赤黒いスコリアを大量に噴出しました。1235年のスコリアは一般に「高原スコリア」と呼ばれています。御鉢は明治28年，大正3年，12年に噴火をしており，活動は2013年現在も続いています。御鉢は，溶岩流も数回にわたって噴出しており，高千穂河原南方の都城市荒襲方面にかけて見ることができます。

硫黄山は韓国岳の斜面に寄生する小規模な火山で，16〜17世紀ごろ活動したようです。1962年まで硫黄を採掘していました。

このように，霧島火山群は約30万年前から現在まで，途絶えることなく活動を続けてきました。大噴火は，動植物や人類に大きな被害を与えたでしょうが，火山地帯特有の雄大な景観を形づくって観光資源となったり，温泉や地熱発電などさまざまな恩恵も与えてくれています。

火山は，地下のマグマが地表に到達すると，凄まじいエネルギーの解放とと

もに，火山ガス，溶岩，火山弾，火山灰，軽石，スコリアなど，さまざまな火山噴出物を生み出し，山体を形成していきます。ときに，みずからのエネルギーによって大爆発を起こし，山体自体を崩壊させることもあります。

2. 火砕流堆積物と火山灰層

九州は世界的な火山の活動地帯です。現在までに活動した数多くの火山から噴出した堆積物が，地層に記録を残しています。火山から噴出した，火砕流，火山灰，軽石，スコリア，火山弾などをまとめて「テフラ」と呼びます。テフラは広い地域に同時に堆積しているため，離れた地点の年代を決める鍵層として使われます。

ここでは火山活動で堆積するもののうち，宮崎県内で見られる火砕流堆積物と火山灰層について代表的なものを紹介します。

2.1 小林火砕流堆積物

小林火砕流に伴う火山灰は，近畿地方や南関東地方などでも分布が確認されています。大阪層群では「サクラ火山灰」，関東の上総層群では「笠森11火山灰」と呼ばれ，これら一連の火山噴出物をまとめて「小林笠森テフラ(Kb-Ks)」と呼びます。

〔**年代**〕 約53万年前

〔**噴出源**〕 噴出した場所はまだはっきりしていませんが，重力測定などから小林盆地の中にカルデラ(小林カルデラ)があったと考えられており，そこから噴出したのではないかとの考え方が有力です。

〔**分布**〕 野尻町の岩瀬川流域や高岡町から綾町付近，あるいは小林市北西地域などには，白色の軽石を主体とする火砕流堆積物が分布しており，小林火砕流堆積物と呼ばれています。

〔**特徴**〕 非溶結の軽石流の堆積物で，降下軽石層や火山灰層を伴います。この火砕流堆積物の構成鉱物には特徴的に黒雲母が含まれています。また，この火砕流堆積物は少し風化していることが多く，風化した軽石は淡いピンク色になることがあります。これらの特徴は，南九州に分布する第四紀のほかの火砕流と見分ける一つの手がかりになっています。

2.2 加久藤火砕流堆積物

現在のえびの市付近から、やや高温で多量の火砕流の噴出があり、周辺に厚い火砕流噴出物を堆積させました。この火砕流噴出物を、えびの市内の地名から加久藤火砕流と呼んでいます。木城町椎木には、このときの火山灰が堆積しており、椎ノ木火山灰と呼ばれています。

〔**年代**〕 約34万年前

〔**噴出源**〕 加久藤盆地(加久藤カルデラ)

〔**分布**〕 小林市須木村ままこ滝、三之宮峡谷、野尻町、えびの市狗留孫峡、都城市関之尾滝など

〔**特徴**〕 火砕流の溶結部をハンマーで叩いたときの割れ口には、赤〜橙色の斑点が多く観察されます(**図Ⅳ-6**)。この岩石は天然ガラスの緻密な集合体ですが、ほかの火砕流堆積物と比べて、やや汚れた感じの灰色を呈します。堆積後に表面から徐々に浸食され、その後のほかの火山からの火砕流堆積物や降下火山噴出物に覆われていますが、現在まで残っている火砕流堆積物には、ままこ滝や三之宮峡谷などで見られるように、堆積物が溶結する際の冷却割れ目として作られた柱状節理がきわだっています。野尻町付近では溶結していない加久藤火砕流堆積物を見ることができます。直径10cm以上の大きな白色の軽石をたくさん含んでいます。中にガラス質の黒色の岩片を含んでいることも特徴の一つです。

図Ⅳ-6 三之宮峡近くの溶結凝灰岩

2.3 阿蘇火砕流堆積物

現在のカルデラが形成を始めたのは約30万年前以降で、約9万年前までに火山灰を降らせる静かな時期をはさんで、4回の大規模火砕流を噴出しました。これらの火砕流堆積物は、有明海から太平洋までの広い範囲に堆積しました。高温で厚く堆積したため火山灰の一部が溶けて固まった溶結凝灰岩という硬い岩石を作ります。カルデラ内にある高岳、中岳などの火山はカルデラ形成

後に噴出しました。

○阿蘇1火砕流(Aso-1：約30万年前の噴火)

○阿蘇2火砕流(Aso-2：約14万年前の噴火)

阿蘇1・2火砕流堆積物は宮崎県内ではほとんど観察できません。

○阿蘇3火砕流(Aso-3)

〔**年代**〕 約12万年前

〔**分布**〕 五ヶ瀬川沿いなど。

〔**特徴**〕 黒灰色のものが多く，風化して白色からピンク色になることもあります。黒曜石レンズの目立つ溶結凝灰岩です。阿蘇4火砕流とは角閃石を含まないことで区別できます。阿蘇4火砕流に厚く覆われています。阿蘇3と阿蘇4の境界部では溶結度が弱く，砂礫層や火山灰層などをはさんでいるところも見られます。

○阿蘇4火砕流(Aso-4)

〔**年代**〕 約9万年前

〔**分布**〕 五ヶ瀬川流域などに溶結凝灰岩，宮崎平野の段丘上などには火砕流の末端の非溶結部や降下火山灰などが見られます(**図Ⅳ-7**)。

〔**特徴**〕 角閃石を含みます。よく引き伸ばされた黒曜石レンズが目立ちます(**図Ⅳ-8**)。五ヶ瀬川流域などの厚く堆積した場所では，強く溶結し，柱状節理が見られます。

図Ⅳ-7 阿蘇4火砕流の溶結凝灰岩

図Ⅳ-8 阿蘇4溶結凝灰岩の中の角閃石(目盛1mm)

2. 火砕流堆積物と火山灰層　161

2.4 姶良岩戸(A-Iw)

〔**年代**〕 約5～4.5万年前

〔**噴出源**〕 姶良カルデラ(鹿児島県の錦江湾北部)

〔**分布**〕 錦江湾北部から東北東方向の宮崎平野に向かって,約160 km以内の比較的細長く狭い範囲に分布しています。

〔**特徴**〕 宮崎県内のテフラの露頭では黄～橙色の地層が複数見られます。姶良岩戸テフラは,その中で淡い黄色の層をつくっており,かつて第3オレンジと呼ばれていました。おもにやや黄色味を帯びた降下軽石で,粒子は粗粒の砂糖「ザラメ」をイメージさせます(**図Ⅳ-9**)。石英の粒子が多く日光できらきらと輝きます。光る粒子は水洗いして顕微鏡観察すると,八つの三角形で囲まれた正八面体をつくる高温型石英という鉱物です。

図Ⅳ-9 顕微鏡で見た姶良岩戸テフラ (水洗)(写真横幅 10 mm)

2.5 霧島イワオコシ・霧島アワオコシ(Kr-Iw・Kr-Aw)

〔**年代**〕 イワオコシ約4.5万～4万年前,アワオコシはイワオコシ後に噴出

〔**噴出源**〕 イワオコシは大浪池か夷守岳,アワオコシは夷守岳と考えられています。

〔**分布**〕 霧島火山群から東北東の宮崎平野方向に向かって,約50～70 kmの比較的近い場所の細長い分布域(綾,国富,高鍋など)に見られます。

〔**特徴**〕 イワオコシは直径5～10 mmの発泡が悪く硬い灰色～褐色の軽石に岩石片を含み,下部ほど粒が大きくなります。最下部は黄白色の軽石になり,お菓子の「おこし」のように丸い軽石が硬く固着しています。

アワオコシは褐～黄褐色のスコリア主体で,アワオコシよりもやや粒子が小さく濃い色調をしています。霧島から離れるに従って軽石やスコリアは小さくまばらになり,見分けが難しくなります。これらイワオコシなどを水洗いして顕微鏡観察すると,輝石という濃い緑色の短柱状の鉱物が多量に見られることが特徴です(**図Ⅳ-10**)。

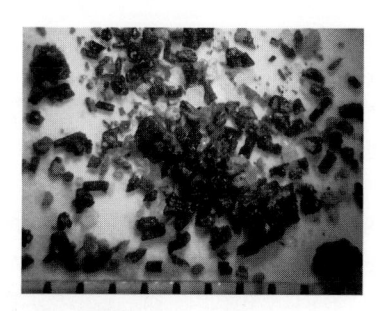

図Ⅳ-10 顕微鏡で見た霧島イワオコシ
（水洗）（目盛 1 mm）

2.6 入戸火砕流堆積物・姶良 Tn テフラ

姶良カルデラは，はじめに大隅降下軽石，ついで妻屋火砕流堆積物，続いて大規模な噴火活動で入戸火砕流堆積物（シラス）という膨大なテフラを噴出しました。AT 火山灰は，入戸火砕流と同時に上空に高く吹き上げられた大量の火山灰が風で運ばれ広大な地域に降下堆積したものです。

〔**年代**〕 約 2.9 ～ 2.6 万年前，海面低下した最終氷期に噴火しました。

〔**噴出源**〕 姶良カルデラ（鹿児島県の錦江湾北部）

○大隅降下軽石（A-Os）

入戸火砕流に先がけて噴出した粒の均質な白色の軽石が南九州に広く分布しています。

○妻屋火砕流堆積物（A-Tm）

入戸火砕流に先がけて小規模に噴出し，宮崎県には分布していません。

○入戸火砕流堆積物（A-Ito）

〔**分布**〕 南九州に広く分布し，宮崎県内では一ツ瀬川以南の地域に見られます。

〔**特徴**〕 この火砕流堆積物は非溶結部分をシラスと呼び，その名のとおり全体的に白っぽく，軽石や未固結の火山灰が主体で，岩片などを含んでいます。シラスは，鹿児島県内では最大 150 m の厚さで堆積し，宮崎県内でも数十 m の厚さに達することがあります。シラスの下部には，一部が溶結し柱状節理が発達している場所もあります。

○姶良 Tn 火山灰(AT)

〔**分布**〕 入戸火砕流に伴う降下火山灰(AT 火山灰)は，広い範囲に降灰した広域テフラです．北海道までの国内の各地や朝鮮半島，沿海州で見つかっているほか，東シナ海や，日本海，四国海盆などの海底からも見つかり，非常に巨大な噴火であったことを示しています．

〔**特徴**〕 鬼界アカホヤ火山灰層の下位にある地表面から2番目のオレンジ色の火山灰層ということで，かつて研究者からは第2オレンジと呼ばれた火山灰層です．色調は淡い橙色で，乾燥すると明るい黄色になり，「のこくず」状でさらさらと分離します．

水洗いして火山ガラスを顕微鏡観察すると，バブルウォール形とよばれる小さな電球を割ったような透明な破片の多いことが特徴です(**図Ⅳ-11**)．

図Ⅳ-11 顕微鏡で見た姶良 Tn テフラ (水洗)(目盛1mm)

2.7 鬼界アカホヤ火山灰(K-Ah)

〔**年代**〕 約7300年前

〔**噴出源**〕 鬼界カルデラ(鹿児島県薩摩半島と屋久島の間の硫黄島付近)

〔**分布**〕 日本列島にほぼ沿って北東方向に向かって広がっており，東北地方まで堆積しています．考古学の発掘調査では，縄文時代の早期と前期を区別するための貴重な鍵層になっています．北北西方向にあたる朝鮮半島南部でも確認することができ，日本海を隔てた考古学的な対比にも利用されます．

〔**特徴**〕 地表の黒土のすぐ下に鮮やかなオレンジ色の帯をつくる火山灰層で，かつて第1オレンジと呼ばれていました．乾くと「きなこ」に似ています．地上では鮮やかな橙色ですが，水中堆積したものは白色をしています(宮崎県総合博物館に展示中)．水洗いをして実体顕微鏡で観察すると，細かい泡がはじけた火山ガラスが見つかります(**図Ⅳ-12**)．この火山ガラスは他の火山灰と比べてわずかにアメ色がかっていることが特徴です．

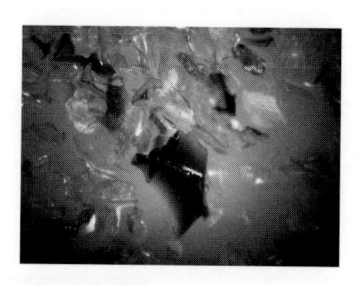

図IV-12 顕微鏡で見た鬼界アカホヤテフラ（水洗）（写真横幅5 mm）

2.8 霧島御池(Kr-M)

宮崎県では「御池ボラ」と呼ばれ，園芸利用されるテフラで，御池軽石とも呼ばれます。

〔**年代**〕 約4 600年前

〔**噴出源**〕 御池

〔**分布**〕 御池から南東方向の都城盆地に向かって比較的近距離に厚く堆積しています。

〔**特徴**〕 直径数mm～1 cmで有色鉱物の少ない黄白～黄橙色の軽石を主体としています（**図IV-13**）。軽石は細かい孔が密集した多孔質のガラスです。御池ボラは激しいマグマ水蒸気爆発による降下軽石堆積物で，大量の軽石とともに基盤の岩石片を含んでいます。また，火口周辺での堆積物には，爆発的な水平方向の噴火によるしま状構造が見られ，火砕サージ（ベースサージ）と呼ばれる爆風によってできたと考えられています。

図IV-13 顕微鏡で見た霧島御池テフラ（水洗）（目盛1 mm）

3. 宮崎県で見られるその他のテフラ

霧島小林軽石(Kr-Kb)
きりしま こばやし

1万6700年前の韓国岳の噴出物であり、小林ボラともいいます。黄白～黄燈色を示し、発泡がよく輝石の結晶に富んでいます。下半部は数枚の青灰色の粗い砂質火山灰層やラミナを挟みます。

牛のすねローム(Kr-Us)
うし

古高千穂峰起源で、青灰～黒灰色を示し、固結溶岩の粉砕粒子(径5mm)を含んでいます。特徴的に灰白色葉片状の繊維状物質を含む場所もあります。下部の牛のすねローム(Kr-UsL)にはレンガ色のスコリアや火山礫を含んでいます。アカホヤ下部に普通ありますが、アカホヤ上部にある牛のすねローム(Kr-UsU)は「偽牛のすねローム」と呼ばれることもあります。霧島山付近では黒灰色火山灰です。牛のすねロームの年代は7600～7100年前です。
にせ

霧島御鉢延暦スコリア(片添)(Kr-OhE)
おはちえんりゃく　　　かたぞえ

噴火年：AD788(延暦7)年、分布域：県南西部(高原付近)

御鉢火山を起源とします。上位には黒色スコリアや火山礫(最大1cm)があり、下位ではスコリアや火山灰へと漸移していきます。

霧島御鉢高原スコリア(Kr-Th)
たかはる

噴火年：AD1235(貞永4)年、分布域：県南西部(高原付近)

御鉢火山を起源とします。おもに黒褐～赤黒色のスコリアからなります。

霧島新燃享保(Kr-SmK)
しんもえきょうほ

噴火年：AD1716～1717(享保元年～2)年、分布域：霧島山～高原～田野～宮崎付近

享保軽石とも呼ばれます。新燃岳の噴火物です。黄～濃褐色の軽石からなり、乾くと帯緑灰白色となります。場所によっては水中堆積で生じたしま模様が発達する青灰～黄土色火山灰層をはさみます。また、新燃岳の東の沢には噴出物によって炭化した樹木が見られます。

Ⅴ. 中学校別露頭リスト

　本章では，宮崎県の各中学校の学校区やその隣接地域にある代表的な数か所の露頭を取り上げています。そこでの地層と同じ露頭，分布内にそのほかの露頭があれば，代表的な露頭と同じ地質であることがわかるようにしました。これによって，露頭の様相が少し異なっていても，同じ地層が面的に広がって存在しているのが把握できるようにしています。

　中学校別露頭リストは，各市町村ごとの中学校を列記し，その中学校のある土地の地層などを学校所在地の地層関連事項に書いてあります。地層関連事項に書いてあることは，Ⅲ章の地層ガイド，Ⅳ章の火山ガイドを読んで調べてください。

　おすすめ露頭ガイドは，中学校に最も近いⅡ章の地区別露頭ガイドの露頭を紹介しています。探しやすいようにエリアと露頭番号を書いておきました。

　付近の観察ポイントは，中学校に近い地域の人達が知っている山，滝，観光地などの地層などを紹介しています。(　　)の中の地層やテフラなどについては，Ⅲ章の地層ガイド，Ⅳ章の火山ガイドを読んで調べてください。ここには，Ⅱ章の地区別露頭ガイドを紹介しているところもあります。エリアと露頭番号を書いておきましたので参考にしてください。

　※　市町村の合併や生徒数の減少に伴い，中学校は統廃合が進んでいます。
　本書では 2012 年現在の校区を使用して作成しました。

市町	学校名（2013年現在）（ ）内は休校・廃校	学校所在地の地層関連項目	おすすめ露頭 エリア	おすすめ露頭 露頭	おすすめ露頭 名称	付近の観察ポイント［地層・火山ガイドの関連項目］1	付近の観察ポイント［地層・火山ガイドの関連項目］2
五ヶ瀬町	三ヶ所中学校	阿蘇火砕流	1	1	津花峠	うのこの滝［阿蘇火砕流］	桝形山［秩父帯黒瀬川帯］
五ヶ瀬町	五ヶ瀬中等教育学校	阿蘇火砕流	1	1	津花峠	Ｇパーク南側［阿蘇火砕流］	中登山［秩父帯黒瀬川帯］
五ヶ瀬町	鞍岡中学校	阿蘇火砕流	1	2	祇園山	白滝［秩父帯黒瀬川帯］	白岩山［秩父帯黒瀬川帯］
高千穂町	高千穂中学校	阿蘇火砕流	1	3	高千穂峡	柏の滝［エリア 1-6］	二上山［秩父帯黒瀬川帯］
高千穂町	田原中学校	阿蘇火砕流	1	4	尾平渓谷	三秀台［祖母山］	妙見地区［秩父帯・田原層の礫岩］
高千穂町	上野中学校	阿蘇火砕流	1	4	尾平渓谷	塩井の宇宙［エリア 1-5］	四季見ヶ原［祖母山］
高千穂町	岩戸中学校	阿蘇火砕流	1	5	塩井の宇宙	天の岩戸［阿蘇火砕流］	焼山寺山［大崩山環状岩脈］
高千穂町	（向山中学校）	秩父帯三宝山帯	1	6	柏の滝通乳洞		
日之影町	日之影中学校	阿蘇火砕流	1	7	日之影役場	七折鍾孔洞［秩父帯三宝山帯］	丹助岳［大崩山諸塚層群］
日之影町	北方中学校	阿蘇火砕流	1	8	槙峰	鹿川渓谷［大崩山］	ＥＴＯランド［諸塚層群］
日之影町	南方中学校	阿蘇火砕流	1	9	行縢山	舞野［阿蘇火砕流］	黒仁田［諸塚層群］
日之影町	黒岩中学校	段丘堆積物（礫層）	1	9	行縢山	高平山［諸塚層群］	
延岡市	南中学校	沖積層	1	10	愛宕山	長浜海岸［大地のなりたち・第四紀］	
延岡市	聖心ウルスラ学園	沖積層	1	10	愛宕山	長浜海岸［大地のなりたち・第四紀］	
延岡市	聡明中学校	沖積層	1	10	愛宕山	延岡新港南食洞［日向層群］	遠見山［尾鈴山酸性岩類］
延岡市	土々呂中学校	四万十累層群日向層群（頁岩，砂岩頁岩互層）	1	10	愛宕山	西階運動公園［日向層群］	旧延岡西高校［段丘・阿蘇火砕流］
延岡市	恒富中学校	沖積層	1	10	愛宕山	小野公民館［段丘・阿蘇火砕流］	
延岡市	岡富中学校	沖積層	1	10	愛宕山	今山大師［日向層群］	本東寺［段丘・阿蘇火砕流］

V. 中学校別露頭リスト

	中学校								
延岡市	延岡中学校	沖積層	1	17	方財島	1	愛宕山 [エリア1-10]		
	島野浦中学校	四万十累層群北川層群 (砂岩)	1	12	浦城港	1	島野浦海岸 [北川層群]		
	浦城中学校	四万十累層群北川層群 (砂岩, 頁岩, 粘板岩, 砂岩頁岩互層)	1	12	浦城港	1	白浜海岸 [エリア1-11]	安井海岸 [北川層群]	
	東海中学校	四万十累層群日向層群 (神門層)	1	13	東海海岸	1	那智の滝 [日向層群]		
	尚学館中学校	沖積層	1	13	東海海岸	1	可愛岳 [大崩山環状岩脈]	大峡地区 [諸塚・北川層群]	
	旭中学校	四万十累層群日向層群 (砂岩, 頁岩, 粘板岩, 砂岩頁岩互層)	1	13	東海海岸	1	富美山団地 [日向層群]	可愛岳 [大崩山環状岩脈]	
	北浦中学校	四万十累層群諸塚層群 (千枚岩)	1	14	大間海岸	1	浦城港 [エリア1-12]	ハイトンネル東海岸 [北川層群・諸塚層群]	
	三川内中学校	四万十累層群諸塚層群 (砂岩, 頁岩)	1	14	大間海岸	1	下阿蘇海水浴場 [エリア1-15]	清流荘周辺 [諸塚層群]	
	熊野江中学校	沖積層	1	15	下阿蘇海水浴場	1	須美江海岸 [北川層群]		
	北川中学校	沖積層	1	16	添谷	1	鏡山 [諸塚層群]	香花谷 [諸塚層群]	
椎葉村	椎葉中学校	四万十累層群諸塚層群 (砂岩, 頁岩, 砂岩頁岩互層)	2	2	椎葉採石場	2	水無 [エリア2-1]	平家本陣東 [阿蘇火砕流]	
	[松尾中学校]	四万十累層群諸塚層群 (砂岩, 頁岩, 砂岩頁岩互層)	2	3	落水谷の滝	2	岩屋戸 [諸塚層群, 阿蘇火砕流]		

市町村	学校	地層			地点		
諸塚村	諸塚中学校	四万十累層群諸塚層群(千枚岩,砂岩)	2	4	塚原発電所	柳原川の中学校対岸[段丘]	運動公園登り道[阿蘇火砕流]
美郷町	南郷中学校	沖積層	2	5	阿切	小又吐[日向層群]	
	西郷中学校	四万十累層群日向層群(頁岩砂岩互層の破断層)	2	6	大斗の滝	役場下・古川[段丘・阿蘇火砕流]	
	北郷中学校	沖積層	2	7	舟方鑛	学前[阿蘇火砕流]	黒木鑛[エリア2-7]
門川町	西門川中学校	沖積層	2	8	西門川	熊毛前[阿蘇火砕流]	津々良の滝[日向層群]
	門川中学校	沖積層	2	9	庵川漁港	庵川東[エリア2-10]	庵川露頭・乙島[尾鈴山酸性岩類と四万十累層群の境界]
日向市	東郷学園(東郷中学校)	段丘堆積物(礫層)	2	11	冠岳	東郷小学校裏[阿蘇火砕流・日向層群]	牧水公園[段丘]
	[坪谷中学校]	四万十累層群(頁岩)	2	11	冠岳	尾鈴山[尾鈴山酸性岩類]	大御神社[尾鈴山酸性岩類]
	富島中学校	沖積層	2	12	日向岬	櫛の山[尾鈴山酸性岩類]	権現崎[尾鈴山酸性岩類]
	美々津中学校	浜堤堆積物(砂)	2	12	日向岬	百町原[段丘]	
	日向中学校	四万十累層群日向層群(頁岩)	2	12	日向岬	岩崎[日向層群・鉱山跡]	塩見城跡・塩見小[日向層群]
	大王谷学園(大王谷中学校)	四万十累層群日向層群(砂岩,頁岩)	2	12	日向岬	大王谷運動公園[尾鈴山酸性岩類]	曙橋[日向層群・富高鉱山跡]
	財光寺中学校	尾鈴山酸性岩類(溶結凝灰岩)	2	13	秋留	秋留の採石場[尾鈴山酸性岩類]	
	岩脇中学校(平岩小中学校)	尾鈴山酸性岩類(花崗閃緑斑岩)	2	12	日向岬	海岸部[尾鈴山酸性岩類]	お倉ヶ浜[沖積層]
都農町	都農中学校	段丘堆積物	3	1	都農神社	名貫川河口[エリア3-2]	立野[尾鈴山酸性岩類]

V. 中学校別露頭リスト

市町	中学校	地層		No.	露頭名	露頭名	露頭名
川南町	唐瀬原中学校	段丘堆積物	3	2	名貫川河口	後牟田遺跡[テラス・段丘・通山浜層]	伊倉浜[沖積層(礫・砂浜)]
川南町	国光原中学校	段丘堆積物	3	3	通浜	川南漁港南[宮崎層群]	
木城町	木城中学校	沖積層	3	4	石河内	白木八重[エリア3-5]	長草[エリア3-6]
高鍋町	高鍋東中学校	沖積層	3	7	南九大旧高鍋キャンパス	坂本[宮崎層群]	舞鶴公園[段丘・テラス]
高鍋町	高鍋西中学校	沖積層	3	7	南九大旧高鍋キャンパス	鬼ヶ久保下[宮崎層群]	老瀬南[段丘・テラス]
新富町	富田小・中学校(新田学園)	沖積層	3	8	岩脇	富田浜[沖積層(砂浜海岸)]	
新富町	新田中学校	沖積層	3	9	溜水	新田[エリア3-10]	
新富町	上新田中学校	段丘堆積物(礫層)	3	11	一丁田	新田[エリア3-10]	
	都於郡中学校	段丘堆積物(礫層)	3	12	都於郡城跡	都於郡城〜奈良瀬坂のナウマンゾウ産地[段丘]	大安寺[テラス]
西都市	三納中学校	沖積層	3	13	長谷観音	吉田地区公民館上[段丘]	
西都市	三財中学校	段丘堆積物(礫層)	3	13	長谷観音	寒川[日向層群]	
西都市	妻中学校	沖積層	3	14	童子丸	西都原[宮崎層群・段丘]	
西都市	穂北中学校	沖積層	3	15	竹尾	穂北橋[宮崎層群]	
西都市	銀鏡中学校	四万十累層群日向層群(砂岩),頁岩	3	16	十六番	征矢佐[花崗斑岩]	布水の滝[日向層群]
西米良村	西米良中学校	花崗斑岩,四万十層群日向層群(砂岩,頁岩)	3	17	西米良中学校	村所小校庭[阿蘇・加久藤火砕流]	横の口発電所[赤色頁岩]
宮崎市	佐土原中学校	宮崎層群(砂岩)	4	2	西野久尾	仲間原[エリア4-1]	北伊倉-船野[通山浜層]
宮崎市	広瀬中学校	宮崎層群(含礫泥岩)	4	3	久峰公園	佐土原総合支所横[宮崎層群]	石崎川周辺[沖積層(砂丘)]

	久峰中学校	宮崎層群（含礫泥岩）	4	3	久峰公園	佐土原総合支所横 [宮崎層群]
	日章学園中学校	沖積層	4	4	萩の台公園	広原神社西 [宮崎層群]
	住吉中学校	沖積層（砂丘）	4	4	萩の台公園	みやざき歴史文化館 [宮崎層群]
	宮崎日本大学中学校		4	4	萩の台公園	みたま園北通路 [宮崎層群・段丘]
	檍中学校	沖積層（砂丘）	4	8	生目の杜遊古館	大淀川学習館 [エリア 4-5] 一ッ葉海岸 [沖積層（砂丘）]
	日向学院中学校	沖積層	4	8	生目の杜遊古館	大淀川学習館 [エリア 4-5] みやざき歴史文化館 [宮崎層群]
	宮崎学園中学校	沖積層	4	8	生目の杜遊古館	大淀川学習館 [エリア 4-6] みやざき歴史文化館 [宮崎層群]
	東大宮中学校	沖積層	4	8	生目の杜遊古館	大淀川学習館 [エリア 4-5] 市民の森 [砂丘列]
	大宮中学校	段丘堆積物（礫層）	4	8	生目の杜遊古館	大淀川学習館 [エリア 4-5] 平和台公園 [宮崎層群・段丘]
	宮大附属中学校	沖積層	4	6	商業高校	生目の杜遊古館 [エリア 4-8] 宮崎総合博物館
宮	宮崎東中学校	沖積層	4	6	商業高校	生目の杜遊古館 [エリア 4-8] 宮崎総合博物館
崎	宮崎中学校	沖積層	4	6	商業高校	生目の杜遊古館 [エリア 4-8] 宮崎総合博物館
市	宮崎西中学校	沖積層	4	6	商業高校	生目の杜遊古館 [エリア 4-8] 宮崎総合博物館
	生目中学校	宮崎層群（砂岩泥岩互層）．入戸火砕流（青雲台）	4	7	生目中	JA 生目支所・生目神社 [入戸火砕流]
	大塚中学校	沖積層	4	8	生目の杜遊古館	消防署中部出張所裏 [宮崎層群]
	宮崎北中学校	沖積層	4	8	生目の杜遊古館	柿木原 [入戸火砕流]
	生目南中学校	宮崎層群（砂岩泥岩互層）	4	8	生目の杜遊古館	JA 生目支所・生目神社 [入戸火砕流]
	本郷中学校	宮崎層群（砂岩泥岩互層）	4	9	青島	下中野 [宮崎層群]
	鵬翔中学校	沖積層	4	9	青島	生目の杜遊古館 [エリア 4-8]
	大淀中学校	沖積層	4	9	青島	生目の杜遊古館 [エリア 4-8]

	中学校					
	赤江東中学校	沖積層	4	9	青島	生目の杜遊古館 [エリア 4-8]
	赤江中学校	沖積層	4	9	青島	運動場裏・稲荷山公園 [宮崎層群]
	青島中学校	沖積層	4	9	青島	堀切峠 [宮崎層群]
	木花中学校	段丘堆積物(礫層)・シラス	4	10	双石山	木花台公園 [段丘]
	宮崎第一中学校	宮崎層群(砂岩泥岩互層)	4	10	双石山	加江田渓谷 [宮崎層群]
宮崎市	清武中学校	沖積層	4	11	清武運動公園	黒北八坂神社南 [宮崎層群]
	加納中学校	宮崎層群(砂岩泥岩互層)	4	11	清武運動公園	船引神社周辺 [入戸火砕流] 下中野 [宮崎層群]
	田野中学校	段丘堆積物	4	12	元野	仮屋橋 [宮崎層群(化石)]
	生目台中学校	宮崎層群(砂岩泥岩互層)	4	14	瓜田ダム	消防署中部出張所裏 [宮崎層群]
	宮崎西高校附属中学校	宮崎層群(砂岩泥岩互層)	4	14	瓜田ダム	消防署中部出張所裏 [宮崎層群]
	高岡中学校	宮崎層群(砂岩泥岩互層)	4	15	赤谷	久木野 [エリア 4-13] 高浜楠見 [宮崎層群・諸塚層群]
	木脇中学校	入戸火砕流(シラス)	4	16	森永化石群	学校北1km県道沿い [宮崎層群]
国富町	木庄中学校	宮崎層群(砂岩泥岩互層)	4	16	森永化石群	下保坂バス停付近 [宮崎層群]
	八代中学校	段丘堆積物(礫層)	4	16	森永化石群	門前 [段丘・宮崎層群] 向陽の里 [宮崎層群・入戸火砕流]
綾町	綾屋中学校	沖積層	4	18	小田爪	川中キャンプ場 [エリア 4-19] 小田爪 [エリア 4-18]
小林市	紙屋中学校	入戸火砕流(シラス)	5	1	秋社川	久木野 [エリア 4-13] 二反野 [エリア 4-17]
	野尻中学校	入戸火砕流(シラス)	5	2	石瀬戸バス停	のじりこぴあ [加久藤火砕流]

市	学校	地層			地点	露頭	備考
小林市	西小林中学校	沖積層	5			鬼塚 [流れ山・段丘]	
	細野中学校	扇状地堆積物（砂礫層）	5	3	新屋敷	永田平 [小林流紋岩・入戸火砕流]	
	東方中学校	段丘堆積物（礫層）	5	4	三之宮峡	陰陽石 [加久藤火砕流]	
	小林中学校	段丘堆積物（礫層）	5	4	三ノ宮峡	忠霊塔 [流れ山]	新屋敷 [エリア 5-3]
	三松中学校	入戸火砕流（シラス）	5	4	三ノ宮峡	永田平 [小林流紋岩・入戸火砕流]	
	永久津中学校	入戸火砕流（シラス）	5	4	三之宮峡	学校下（南）[加久藤火砕流]	隠れ念仏洞 [加久藤火砕流]
	須木中学校	沖積層	5	5	まミご滝	学校上流本庄川河床 [加久藤火砕流・日向層群]	
	[内山中学校]	沖積層	5	6	奈佐木と永迫	学校対岸 [入戸火砕流・段丘堆積物]	奈佐木上流ノ名川河床 [日向層群]
高原町	後川内中学校	入戸火砕流（シラス）	5	7	梅ヶ久保	霞ヶ丘 [日向層群]	
	高原中学校	入戸火砕流（シラス）	5	8	御池	学校横 [アカホヤ〜入戸火砕流]	梅ヶ久保 [エリア 5-7]
えびの市	真幸中学校	沖積層	5	10	池牟礼	池牟礼〜柳水流 [加久藤層群]	真幸駅 [山津波記念碑]
	加久藤中学校	沖積層	5	11	えびの市文化センター	池牟礼 [エリア 5-10]	えびの高原 [エリア 5-9]
	上江中学校	段丘堆積物（礫層）	5	12	田代	えびの高原 [エリア 5-9]	えびの市文化センター [エリア 5-11]
	飯野中学校	段丘堆積物（礫層）	5	13	久保原	八幡丘 [旧期安山岩類]	えびの高原 [エリア 5-9]
	夏尾中学校	入戸火砕流（シラス）	5	8	御池	神ヶ溝 [霧島火山岩類]	夏尾の風穴 [霧島火山岩類]
都城市	笛水中学校	入戸火砕流（シラス）	6	1	岩瀬ダム	岩瀬ダム [日向層群]	
	有水中学校	入戸火砕流（シラス）	6	1	観音瀬	七瀬谷（採石場）[日向層群]	
	高城中学校	沖積層	6	1	観音瀬	石山観音池公園 [入戸・日向層群]	

[四家中学校]	入戸火砕流(シラス)	6	2	四家中学校東	中原北～大開西 [日向層群・諸県層群・入戸火砕流]	平八重 [シラスドリーネ]
高崎中学校	入戸火砕流(シラス)	6	3	迫間営農研修館	高崎運動公園	
小松原中学校	段丘堆積物(礫層)	6	4	横市	城山公園 [入戸火砕流(水中堆積)]	小松原市民広場 [段丘]
祝吉中学校	段丘堆積物(礫層)	6	4	横市	観音瀬 [エリア 6-1]	下都元 [段丘]
志和池中学校	入戸火砕流(湖成層)	6	4	横市	観音瀬 [エリア 6-1]	堂山 [テフラ]
沖水中学校	段丘堆積物(礫層)	6	4	横市	観音瀬 [エリア 6-1]	乙房町 [段丘]
西中学校	入戸火砕流(湖成層)	6	5	関之尾	母智丘公園 [鮮新世安山岩・テフラ]	
西岳中学校	入戸火砕流(シラス)	6	5	関之尾	神々溝 [霧島火山岩類]	御池 [エリア 5-8]
庄内中学校	段丘堆積物(礫層)	6	5	関之尾	母智丘公園 [鮮新世安山岩・テフラ]	御池 [エリア 5-8]
五十市中学校	入戸火砕流(湖成層)	6	5	関之尾	城山公園 [入戸火砕流(水中堆積)]	御池 [エリア 5-8]
山田中学校	入戸火砕流(湖成層)	6	5	関之尾	御池 [エリア 5-8]	小手ヶ山 [日向層群]
山之口中学校	沖積層	6	7	古城橋	あじさい公園 [日向層群]	
姫城中学校	段丘堆積物(礫層)	6	6	金御岳	城山公園 [入戸火砕流(水中堆積)]	御池 [エリア 5-8]
中郷中学校	入戸火砕流(湖成層)	6	6	金御岳	城山公園 [入戸火砕流(水中堆積)]	御池 [エリア 5-8]
妻ヶ丘中学校	段丘堆積物(礫層)	6	6	金御岳	城山公園 [入戸火砕流(水中堆積)]	御池 [エリア 5-8]
泉ヶ丘高校付属中学校	段丘堆積物(礫層)	6	6	金御岳	城山公園 [入戸火砕流(水中堆積)]	御池 [エリア 5-8]

都城市

	中学校						
三股町	三股中学校	段丘堆積物(礫層)	6	8	長田峡	矢ヶ渕公園 [入戸火砕流 [エリア7-2]]	金御岳 [エリア6-6]
	北郷中学校	段丘堆積物(礫層)	7	1	猪八重渓谷	蜂の巣キャンプ場 [入戸火砕流 [エリア7-2]]	
	飫肥中学校	入戸火砕流(シラス)	7	2	蜂の巣キャンプ場	星倉橋北 [宮崎層群]	東光寺トンネル南旧道沿い [宮崎層群]
	東郷中学校	沖積層	7	3	鵜戸神宮	星倉橋北 [宮崎層群]	東光寺トンネル南旧道沿い [宮崎層群]
	鵜戸中学校	沖積層	7	3	鵜戸神宮	宮浦海岸 [宮崎層群]	
日南市	油津中学校	沖積層	7	4	猪崎鼻	梅ヶ浜 [宮崎層群]	七ツ岩 [宮崎層群]
	日南学園中学校	沖積層	7	4	猪崎鼻	日南総合運動公園 [宮崎層群]	
	細田中学校	沖積層	7	4	猪崎鼻	虚空蔵島 [宮崎層群]	
	吾田中学校	沖積層	7	4	猪崎鼻	日南総合運動公園 [宮崎層群]	
	南郷中学校	日南層群(頁岩)	7	6	大島	中村海岸 [日南層群・宮崎層群]	祇園崎 [エリア7-7]
	榎原中学校	入戸火砕流(シラス)	7	7	祇園崎	中村海岸 [日南層群・宮崎層群]	黒潮環境センター [日南層群]
	酒谷中学校	沖積層	7	5	小布施の滝	道の駅酒谷 [入戸火砕流]	男鈴山 [日向層群 [枕状溶岩]] 坂元棚田 [土石流地形]
串間市	本城中学校	入戸火砕流(シラス)	7	10	都井岬毛久保	永徳寺 [磨崖仏(日南層群・砂岩)]	黒井海岸 [エリア7-9]
	北方中学校	入戸火砕流(シラス)	7	11	赤池渓谷		舳海岸 [エリア7-8]
	大束中学校	入戸火砕流(シラス)	7	11	赤池渓谷	大重野 [入戸火砕流]	舳海岸 [エリア7-8]
	市木中学校	入戸火砕流(シラス)	7	8	舳海岸	小崎 [日南層群]	
	福島中学校	日南層群(頁岩)	7	9	黒井海岸	港 [日南層群・宮崎層群 [不整合]]	高松海岸 [日南層群]
	都井中学校	沖積層	7	10	都井岬毛久保	都井岬御崎西海岸 [日南層群]	黒井海岸 [エリア7-9]

175

参 考 文 献

※ 本稿を制作するにあたって，以下の文献を参考にさせていただきました。

【地質図類】
〔地質調査所(産総研地質調査総合センター)発行〕
○20万分の1地質図
　寺岡易司，今井功，奥村公男(1981)：20万分の1地質図幅「延岡」
　斎藤眞，阪口圭一，駒澤正夫(1997)：20万分の1地質図幅「宮崎」
　宇都浩三，阪口圭一，寺岡易司，奥村公男，駒澤正夫(1997)：20万分の1地質図幅「鹿児島」
　斎藤眞，宝田晋治，利光誠一，水野清秀，宮崎一博，星住英夫，濱崎聡志，阪口圭一，大野哲二，村田泰章(2010)：20万分の1地質図幅「八代及び野母崎の一部」
○5万分の1地質図
　斉藤正次，神戸信和，片田正人(1958)：5万分の1地質図幅「三田井」及び同説明書
　神戸信和(1957)：5万分の1地質図幅「鞍岡」及び同説明書
　奥村公男，酒井彰，高橋正樹，宮崎一博，星住英夫(1998)：熊田地域の地質，地域地質研究報告(5万分の1地質図幅)
　奥村公男，寺岡易司，杉山雄一(1985)：蒲江地域の地質，地域地質研究報告(5万分の1地質図幅)
　今井功，寺岡易司，奥村公男，神戸信和，小野晃司(1982)：諸塚山地域の地質，地域地質研究報告(5万分の1地質図幅)
　奥村公男，寺岡易司，今井功，星住英夫，小野晃司，宍戸章(2010)：延岡地域の地質，地域地質研究報告(5万分の1地質図幅)
　斎藤眞，木村克己，内藤一樹，酒井彰(1996)：椎葉村地域の地質，地域地質研究報告(5万分の1地質図幅)
　今井功，寺岡易司，奥村公男，小野晃(1979)：神門地域の地質，地域地質研究報告(5万分の1地質図幅)
　野沢保，木野義人(1956)：5万分の1地質図幅「富高」及び同説明書
　木野義人(1956)：5万分の1地質図幅「都農」及び同説明書
　木村克己，巖谷敏光，三村弘二，佐藤喜男，佐藤岱生，鈴木祐一郎，坂巻幸雄(1991)：尾鈴山地域の地質，地域地質研究報告(5万分の1地質図幅)
　原英俊，木村克己，内藤一樹(2009)：村所地域の地質，地域地質研究報告(5万分の1地質図幅)
　遠藤秀典，鈴木祐一郎(1986)：妻及び高鍋地域の地質，地域地質研究報告(5万分の1地質図幅)
　木野義人，影山邦夫，奥村公男，遠藤秀典，福田理，横山勝三(1984)：宮崎地域の地質，地域地質研究報告(5万分の1地質図幅)
　木野義人，太田良平(1976)：野尻地域の地質，地域地質研究報告(5万分の1地質図幅)

沢村孝之助, 松井和典(1957)：5万分の1地質図幅「霧島山」及び同説明書
木野義人(1958)：5万分の1地質図幅「日向青島」及び同説明書
木野義人(1959)：5万分の1地質図幅「飫肥」及び同説明書
木野義人(1959)：5万分の1地質図幅「都井岬」及び同説明書
斎藤眞, 佐藤喜男, 横山勝三(1994)：末吉地域の地質, 地域地質研究報告(5万分の1地質図幅)
沢村孝之助(1956)：5万分の1地質図幅「国分」及び同説明書
太田良平, 木野義人(1965)：5万分の1地質図幅「志布志」及び同説明書

〔**宮崎県発行**〕
〇全県〜地方地質図(20万分の1・10万分の1)
　宮崎県(1981)：20万分の1宮崎県地質図及び同説明書(宮崎県の地質と地下資源)
　宮崎県(1998)：20万分の1宮崎県地質図及び同第5版説明書(宮崎県の四万十帯の地質)
　宮崎県(1989)：宮崎県中央山地方地質図(10万分の1)及び同説明書(西米良・須木)
〇5万分の1表層地質図
　白池図(2004)：5万分の1表層地質図「三田井・高森」及び同説明書, 土地分類基本調査「三田井・高森」, pp.29-44
　白池図(2009)：5万分の1表層地質図「鞍岡」及び同説明書, 土地分類基本調査「鞍岡」, pp.29-42
　足立富男(2003)：5万分の1表層地質図「熊田」及び同説明書, 土地分類基本調査「熊田」, pp.23-36
　豊原富士夫, 尾崎正陽, 長谷義隆(1996)：5万分の1表層地質図「蒲江」及び同説明書, 土地分類基本調査「蒲江」, pp.29-40
　足立富男(2007)：5万分の1表層地質図「諸塚山」及び同説明書, 土地分類基本調査「諸塚山」, pp.32-50
　足立富男, 遠藤尚, 金子弘二(1988)：5万分の1表層地質図「延岡・島浦」及び同説明書, 土地分類基本調査「延岡・島浦」, pp.11-20
　白池図(2006)：5万分の1表層地質図「神門」及び同説明書, 土地分類基本調査「神門」, pp.30-38
　白池図(2008)：5万分の1表層地質図「椎葉村」及び同説明書, 土地分類基本調査「椎葉村」, pp.32-41
　足立富男, 遠藤尚, 金子弘二(1987)：5万分の1表層地質図「日向」及び同説明書, 土地分類基本調査「日向」, pp.10-18
　兵藤健二, 遠藤尚, 金子弘二(1984)：5万分の1表層地質図「都農」及び同説明書, 土地分類基本調査「都農」, pp.10-24
　白池図(1995)：5万分の1表層地質図「尾鈴山」及び同説明書, 土地分類基本調査「尾鈴山」, pp.29-37
　白池図(2000)：5万分の1表層地質図「村所」及び同説明書, 土地分類基本調査「村所」, pp.31-37
　兵藤健二, 遠藤尚(1984)：5万分の1表層地質図「妻・高鍋」及び同説明書, 土地分類基本調査「妻・高鍋」, pp.16-29

白池図(2002):5万分の1表層地質図「須木」及び同説明書, 土地分類基本調査「須木」, pp.35-40

白池図, 遠藤尚(1997):5万分の1表層地質図「加久藤・大口」及び同説明書, 土地分類基本調査「加久藤・大口」, pp.21-42

遠藤尚(1981):5万分の1表層地質図「野尻」及び同説明書, 土地分類基本調査「野尻」, pp.16-25

足立富男(1995):5万分の1表層地質図「霧島山」及び同説明書, 土地分類基本調査「霧島山」, pp.15-32

遠藤尚(1980):5万分の1表層地質図「都城」及び同説明書, 土地分類基本調査「都城」, pp.13-18

遠藤尚, 山北聡, 小林実夫, 白池図(1989):5万分の1表層地質図「日向青島」及び同説明書, 土地分類基本調査「日向青島」, pp.11-23

遠藤尚, 山北聡, 小林実夫, 田代忠光, 白池図(1991):5万分の1表層地質図「飫肥」及び同説明書, 土地分類基本調査「飫肥」, pp.17-23

遠藤尚(1993):5万分の1表層地質図「末吉」及び同説明書, 土地分類基本調査「末吉」, pp.12-20

遠藤尚, 山北聡, 白池図(1992):5万分の1表層地質図「都井岬」及び同説明書, 土地分類基本調査「都井岬」, pp.19-23

【論文】

[秩父累層]

村田明広(1981):黒瀬川-三宝山地帯の古地理と大規模衝上断層―九州中央部五ヶ瀬地域を例として―, 地質学雑誌, **87**, 6, pp.353-367

磯崎行雄, 橋口孝泰, 板谷徹丸(1992):黒瀬川クリッペの検証, 地質学雑誌, **98**, 10, pp.917-941

太田彩乃, 勘米良亀齢, 磯崎行雄(2000):宮崎県高千穂町上村のペルム系岩戸層および三田井層の層序:海山頂部相石灰岩中に確認された茅口階, 呉家坪階および長興階, 地質学雑誌, **106**, 12, pp.853-864

松田清孝, 赤崎広志, 白池図, 流田勝夫, 市原靖(2009):宮崎県内のメガロドン石灰岩分布の拡大について, 宮崎県総合博物館研究紀要, **29**, pp.81-86

[四万十累層群]

今井功, 寺岡易司, 奥村公男(1971):九州四万十帯北東部の地質構造と変成分帯, 地質学雑誌, **77**, 4, pp.207-220

坂井卓, 勘米良亀齢(1981):宮崎県北部の四万十帯の層序ならびに緑色岩の層序・構造的位置, 九州大学理学部研究報告(地質学), **14**, 1, pp.31-48

酒井治孝(1988):南九州, 四万十帯南帯の都井岬オリストストローム:I. 崩壊前の堆積環境と層序の復原, 地質学雑誌, **94**, 10, pp.733-747

竹下徹(1982):宮崎県南那珂山地北部の四万十層群の層序と構造, 地質学雑誌, **88**, 1, pp.1-18

[宮崎層群]

首藤次男(1952):宮崎層群の地史学的研究, 九州大学理学部研究報告(地質学), **4**, 1, pp.1-40

鈴木秀明(1987):宮崎層群の層位学的研究,東北大学理学部地質学古生物学教室研究邦文報告, **90**, pp.1-24

中村羊大,小澤智生,延原尊美(1999):宮崎県青島地域に分布する上部中新統—下部鮮新統宮崎層群の層序と軟体動物化石群—,地質学雑誌, **105**, 1, pp.45-62

赤崎広志,松田清孝,門田真人,山本琢也,田口公則,伊東嘉宏,鬼頭泰司(2009):宮崎市柿谷川に分布する後期中新統宮崎層群基底部から産出する熱帯性海洋生物化石群集について—特にハシナガソデガイ化石報告—,宮崎県総合博物館研究紀要, **29**, pp.57-68

門田真人,赤崎広志,松田清孝(2011):宮崎市高岡山地の後期中新統宮崎層群基底部から産出した熱帯性海洋生物化石群集,宮崎県総合博物館地域別総合調査(県央地区)報告書, pp.125-146

〔新第三紀火成岩類〕

中田節也(1978):尾鈴山酸性岩の地質.地質学雑誌, **84**, 5, pp.243-256

三村弘二,巌谷敏光(2009):九州尾鈴山火山深成複合岩体のカルデラ内岩屑なだれ堆積物.火山, **54**, 5, pp.209-221

M. Takahashi(1986): Anatomy of a middle Miocene Valles-type caldera cluster: Geology of the Okueyama volcano-plutonic complex, southwest Japan, J. Volcanol. Geotherm. Res., **29**, 1-4, pp.33-70

〔第四系〕

遠藤尚,杉田剛,法元紘一,児玉三郎(1962):日向海岸平野を構成する段丘について,宮崎大学学芸学部紀要自然科学, **14**, pp.9-27

星埜由尚(1971):宮崎平野の地形発達に関する諸問題,第四紀研究, **10**, pp.99-109

長谷義隆,千藤忠昌,今西茂(1972):宮崎県加久藤盆地およびその周辺の新生界—その層序と地質構造—,熊本大学理学部地学研究報告, **2**, pp.1-58

長岡信治,新井房夫,壇原徹(2010):宮崎平野に分布するテフラから推定される過去60万年間の霧島火山の爆発的噴火史,地学雑誌, **119**, 1, pp.121-152

長岡信治,西山賢一,井上弦(2010):過去200万年間における宮崎平野の地層形成と陸化プロセス—海面変化とテクトニクスに関連して—,地学雑誌, **119**, 4, pp.632-667

井村隆介,赤崎広志,松田清孝(2010):宮崎県都城市関之尾付近に分布する火砕流堆積物について,宮崎県総合博物館研究紀要, **30**, pp.83-87

【書籍】

唐木田芳文,早坂祥三,長谷義隆(1992):日本の地質9 九州地方,共立出版

町田洋,新井房夫(2003):新編 火山灰アトラス,東京大学出版会

町田洋,太田陽子,河名俊男,森脇広,長岡信治(2001):日本の地形7 九州・南西諸島,東京大学出版会

日本地質学会(2010):日本地方地質誌8 九州・沖縄地方,朝倉書店

赤崎広志,松田清孝(2010):みやざき地質ガイド,宮崎県総合博物館

宮崎県高等学校教育研究会理科・地学部会(1979):宮崎県 地学のガイド,コロナ社

足立富男(2010):写真で見る宮崎県の地学ガイド,宮日文化情報センター

青山尚友(2010):ここまでわかった宮崎の大地,鉱脈社

あ と が き

　原稿の執筆は約8年前から始め，月に1回ごとに執筆者全員で現地調査を行いながら露頭説明の文案を作成してきました。初めの編集方針は，① 中学生および小中学校理科担当教員の知識レベルで理解でき，かつ，② 県内の代表的な露頭あるいは有名な景観を広域的にピックアップし，それらを解説するというものでありました。しかし，(1)教育現場の理科担当教員が必ずしも地質学的な知識を十分に有しているとは限らないので，それを補うとすると選び出した個々の露頭説明が長々しくなるという不便が生じたこと，(2)露頭見学に遠くまで児童・生徒を引率する際に，授業日程に組み込むことの現実的な難しさが生じ，結果的に露頭見学の放棄，ひいては地質領域の授業が間引かれる恐れがあることが，現実問題として生じていることが判明しました。

　上記の欠点を補うため，執筆作業の途中で，県内の中学校の各校区ごとに存在する露頭を選び出し，その露頭案内を行うほうがより教育的ではないかという編集方針に変更することに至りました。

　この際，初めの編集方針での作成時に調査・執筆に関わった一人である山本琢也君が教育現場に転勤されてしまい，彼が調査・執筆する事実上の時間が取れず，方針変更後の執筆者に加われなくなってしまいました。代表者として，このことが大いに悔やまれているしだいです。

　このガイドブックの特徴として，各校区の代表的な露頭案内の表と，校区内にはないが近くの校区にある，推奨する露頭の表を一覧表として掲げていますので，休暇などの授業時間のやりくりができる場合はそちらの露頭も見学して頂けると幸いです。また，校区外であっても地質学的に見ておいて欲しいなと思う宮崎県内の露頭案内のいくつかを掲げています。

　記述に際して，地質学の専門用語はできるだけ省き，代わりに易しく書き直しをしたつもりですが，「付加体」，「プレート」，「マグマ」，「溶結」，「せん断」……，などのいくつかの専門用語は十分に意を尽くしていない書き方をしています。これらの質問は執筆者に直接聞くなり，地学事典などを参照してくださるようお願い致します。

　また，撮影した露頭が時間の経過とともに草木の成長で覆われて見えなく

なっている場合があるかもしれませんので，引率される先生は，あらかじめ予備観察を行い，露頭表面の草木を適宜取り除いておいてくださるようお願いします。

　最後に，執筆者の一人であり，夜勤明けの日程でありながらも精力的に調査に関わった『市原　靖』君が，原稿完成の直前の 2012 年 7 月 9 日に急逝されたことが非常に残念でなりません。彼のご逝去をご報告するとともに，執筆者全員で衷心からご冥福をお祈りいたします。

　2013 年 6 月

宮崎地質研究会
流田　勝夫

宮崎県の地質 フィールドガイド　　　　　　　　　Ⓒ宮崎地質研究会 2013

2013 年 8 月 19 日　初版第 1 刷発行　　　　　　　　　　　　　　★

検印省略	編　　者	宮崎地質研究会
	発 行 者	株式会社　コロナ社
	代 表 者	牛来真也
	印 刷 所	新日本印刷株式会社

112-0011　東京都文京区千石 4-46-10
発行所　株式会社　**コ　ロ　ナ　社**
CORONA PUBLISHING CO., LTD.
Tokyo Japan
振替 00140-8-14844・電話(03)3941-3131(代)

ホームページ http://www.coronasha.co.jp

ISBN 978-4-339-06626-5　　　（森岡）　　（製本：愛千製本所）
Printed in Japan

本書のコピー，スキャン，デジタル化等の無断複製・転載は著作権法上での例外を除き禁じられております。購入者以外の第三者による本書の電子データ化及び電子書籍化は，いかなる場合も認めておりません。

落丁・乱丁本はお取替えいたします

技術英語・学術論文書き方関連書籍

技術レポート作成と発表の基礎技法
野中謙一郎・渡邉力夫・島野健仁郎・京相雅樹・白木尚人 共著
A5／160頁／定価2,100円／並製

マスターしておきたい 技術英語の基本
Richard Cowell・佘　錦華 共著
A5／190頁／定価2,520円／並製

科学英語の書き方とプレゼンテーション
日本機械学会 編／石田幸男 編著
A5／184頁／定価2,310円／並製

続 科学英語の書き方とプレゼンテーション
－スライド・スピーチ・メールの実際－
日本機械学会 編／石田幸男 編著
A5／176頁／定価2,310円／並製

いざ国際舞台へ！
理工系英語論文と口頭発表の実際
富山真知子・富山　健 共著
A5／176頁／定価2,310円／並製

知的な科学・技術文章の書き方
－実験リポート作成から学術論文構築まで－
中島利勝・塚本真也 共著
A5／244頁／定価1,995円／並製
日本工学教育協会賞（著作賞）受賞

知的な科学・技術文章の徹底演習
塚本真也 著
工学教育賞（日本工学教育協会）受賞
A5／206頁／定価1,890円／並製

科学技術英語論文の徹底添削
－ライティングレベルに対応した添削指導－
絹川麻理・塚本真也 共著
A5／200頁／定価2,520円／並製

定価は本体価格+税5％です。
定価は変更されることがありますのでご了承下さい。

図書目録進呈◆

地学のガイドシリーズ

(各巻B6判，欠番は品切です)

配本順			頁	定価
0.(5回)	地学の調べ方	奥村 清編	288	2310円
1.(34回)	新版神奈川 地学のガイド	奥村 清編	284	2730円
5.(6回)	愛知県 地学のガイド	庄子 士郎編		改訂中
6.(31回)	改訂長野県 地学のガイド	降旗 和夫編	288	2730円
11.(38回)	改訂岡山県 地学のガイド	編集委員会編	208	2310円
12.(32回)	改訂滋賀県 地学のガイド(上)	県高校理科教育研編	160	1575円
12.(33回)	改訂滋賀県 地学のガイド(下)	県高校理科教育研編	158	1575円
13.(29回)	新版東京都 地学のガイド	編集委員会編	288	2730円
14.(16回)	続千葉県 地学のガイド	編集委員会編	300	2310円
19.(21回)	山梨県 地学のガイド	田中 収編著		改訂中
20.(22回)	新潟県 地学のガイド(上)	天野 和孝編著	268	2310円
21.(28回)	新潟県 地学のガイド(下)	天野 和孝編著	252	2310円
24.(37回)	新版静岡県 地学のガイド	土 隆一編著	204	2100円
25.(30回)	徳島県 地学のガイド	編集委員会編	216	1995円
26.(35回)	福岡県 地学のガイド	編集委員会編	244	2625円
27.(36回)	山形県 地学のガイド	山形応用地質研究会編	270	2520円

以下続刊

青森県 地学のガイド　　　高知県 地学のガイド

自然の歴史シリーズ

(各巻B6判，欠番は品切です)

配本順			頁	定価
1.(1回)	神奈川 自然の歴史	奥村 清著	224	2100円
4.(4回)	徳島 自然の歴史	奥村 清／西村 宏／村田 守／小澤 大成 共著	256	2520円

定価は本体価格+税5％です。
定価は変更されることがありますのでご了承下さい。